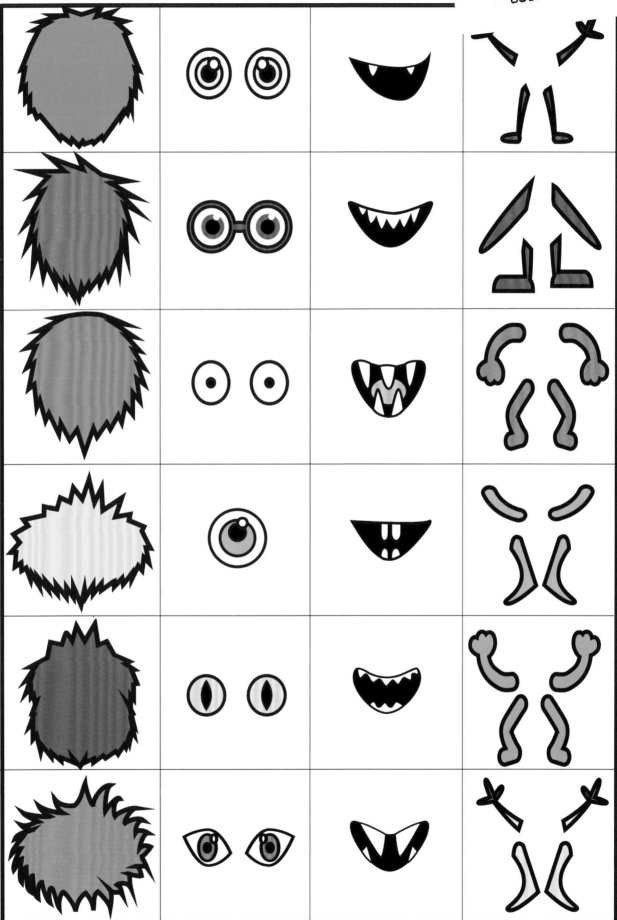

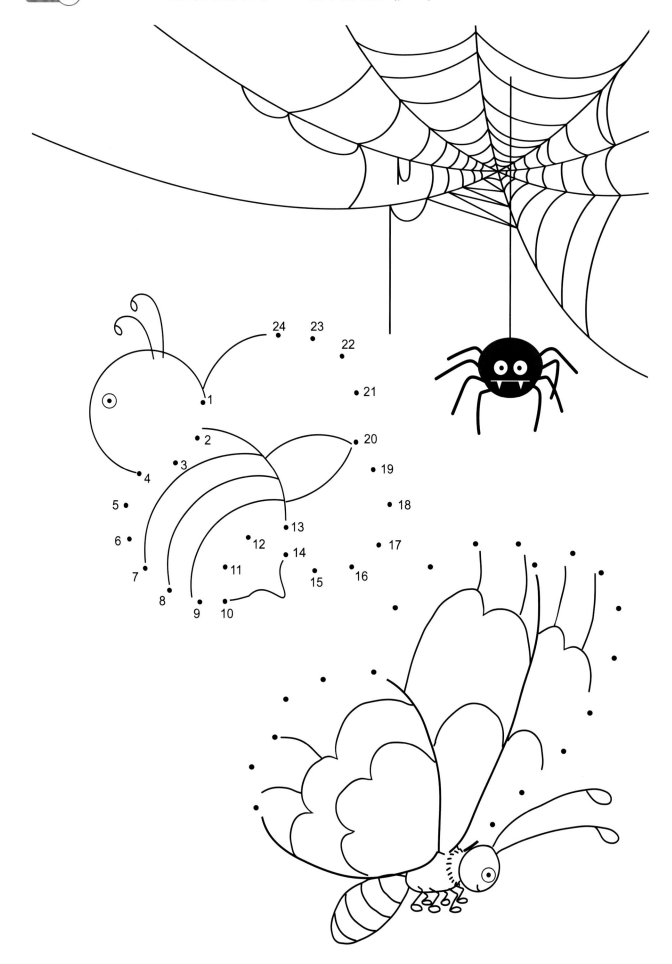

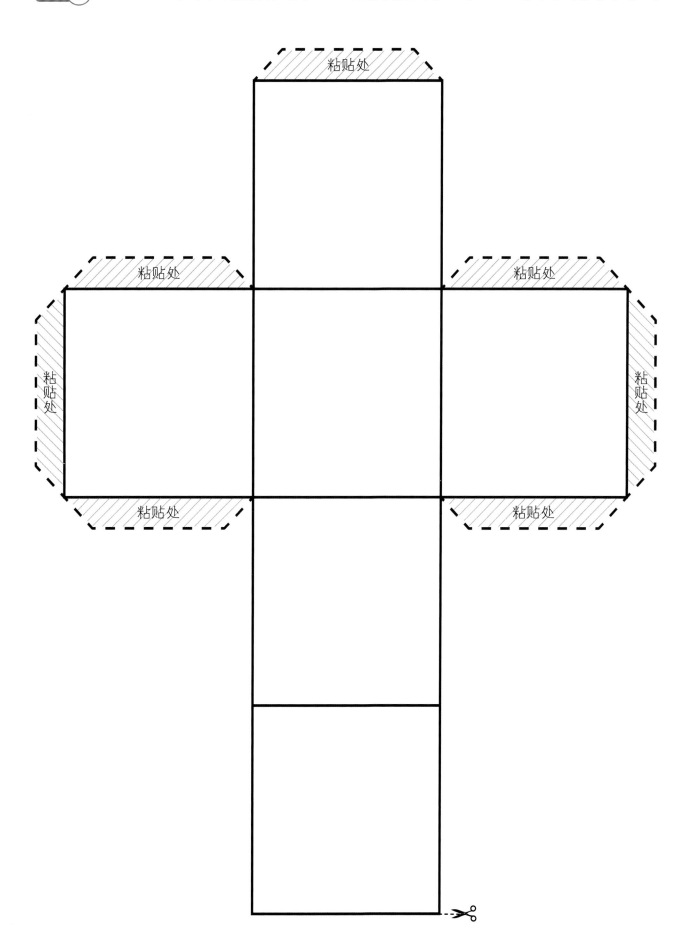

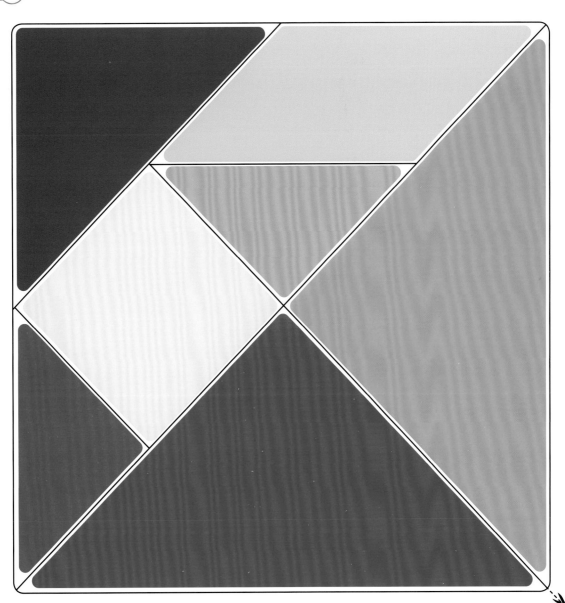

● **请在空格中填入符合号码种类的词。**

① **动物**
② **状态或装扮**
③ **物品**
④ **地点**

　　很久以前，（①　　　　　）王国中，有一位（②　　　　　）的国王。有一天，这位国王吩咐他的大臣们去寻找（③　　　　　）。几天后，聚集在国王前的大臣们，纷纷向国王展示自己找到的物品。（①　　　　　）大臣在（④　　　　　）找到了（③　　　　　），（①　　　　　）大臣在（④　　　　　）找到了（③　　　　　），还有（①　　　　　）大臣在（④　　　　　）找到了（③　　　　　）。看着大臣们找来的这些物品，国王非常高兴。

　　很久以前，（①　　　　　）王国中，有一位（②　　　　　）的国王。有一天，这位国王吩咐他的大臣们去寻找（③　　　　　）。几天后，聚集在国王前的大臣们，纷纷向国王展示自己找到的物品。（①　　　　　）大臣在（④　　　　　）找到了（③　　　　　），（①　　　　　）大臣在（④　　　　　）找到了（③　　　　　），还有（①　　　　　）大臣在（④　　　　　）找到了（③　　　　　）。看着大臣们找来的这些物品，国王非常高兴。

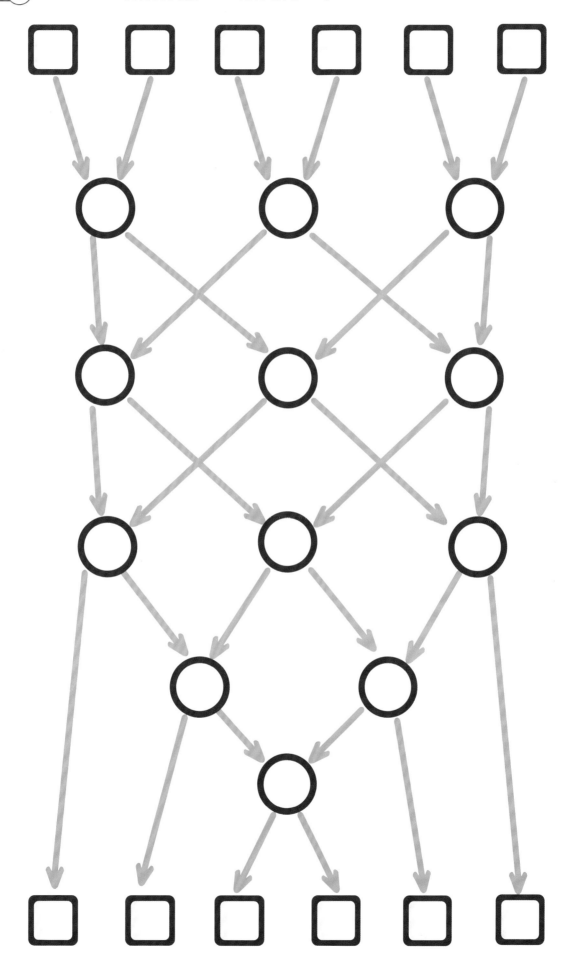

图卡 10

Part 02-4 指挥机器人前进 —— 指令卡片 (p.82)

Part 02-5 精简指令的机器人游戏 —— 指令卡片 (p.88)

请沿着线条剪下使用。

请沿着线条剪下使用。

命令卡片

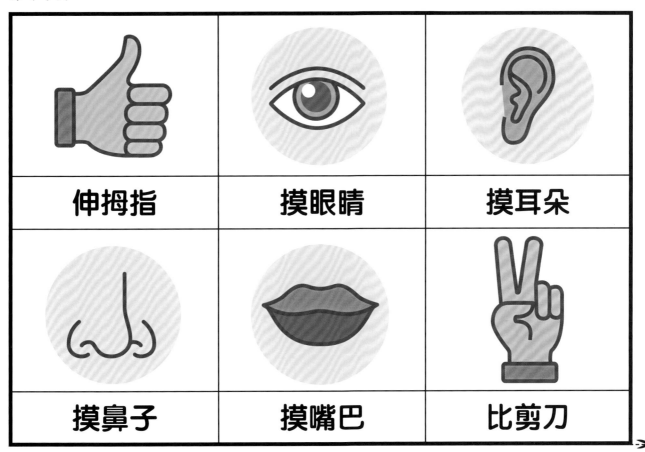

| 伸拇指 | 摸眼睛 | 摸耳朵 |
| 摸鼻子 | 摸嘴巴 | 比剪刀 |

动作卡片

装可爱	欢呼	模仿动物
鼓掌	坐下起立	蹦跳3次
抓住手腕	比爱心	原地转圈

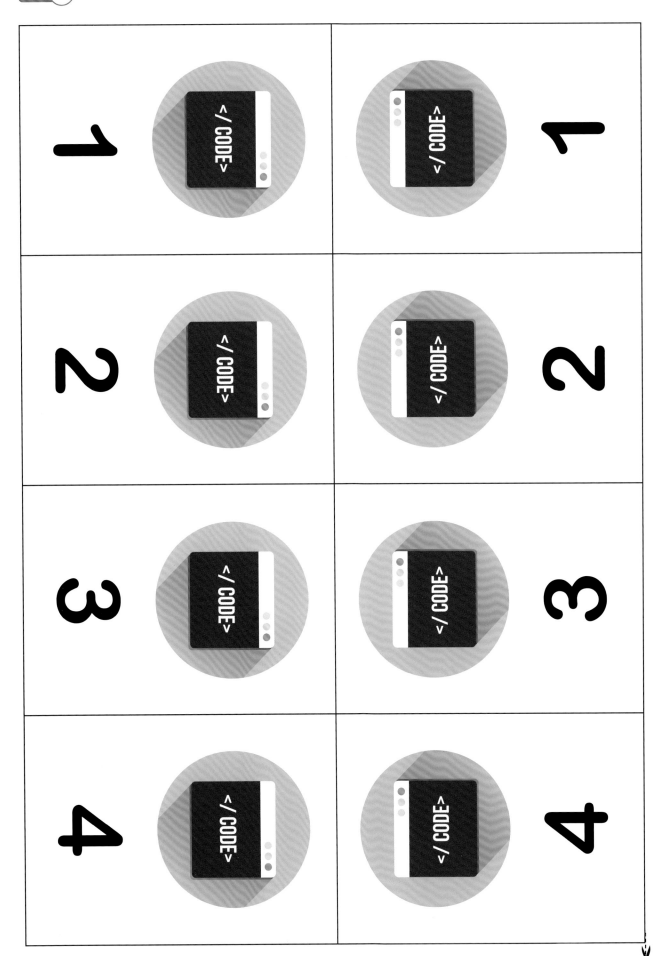

编码 1
[病毒]处理者

可淘汰
[病毒][秘密情报]
[黑客][疫苗]。

小提醒：避开[编码 2—8]！

编码 1
[病毒]处理者

可淘汰
[病毒][秘密情报]
[黑客][疫苗]。

小提醒：避开[编码 2—8]！

编码 2

可淘汰
[编码 1][秘密情报]
[黑客][疫苗]。

小提醒：避开[病毒][编码 3—8]！

编码 2

可淘汰
[编码 1][秘密情报]
[黑客][疫苗]。

小提醒：避开[病毒][编码 3—8]！

编码 3

可淘汰
[编码 1][编码 2][秘密
情报][黑客][疫苗]。

小提醒：避开[病毒][编码 4—8]！

编码 3

可淘汰
[编码 1][编码 2][秘密
情报][黑客][疫苗]。

小提醒：避开[病毒][编码 4—8]！

编码 4

可淘汰
[编码 1—3][秘密情报]
[黑客][疫苗]。

小提醒：避开[病毒][编码 5—8]！

编码 4

可淘汰
[编码 1—3][秘密情报]
[黑客][疫苗]。

小提醒：避开[病毒][编码 5—8]！

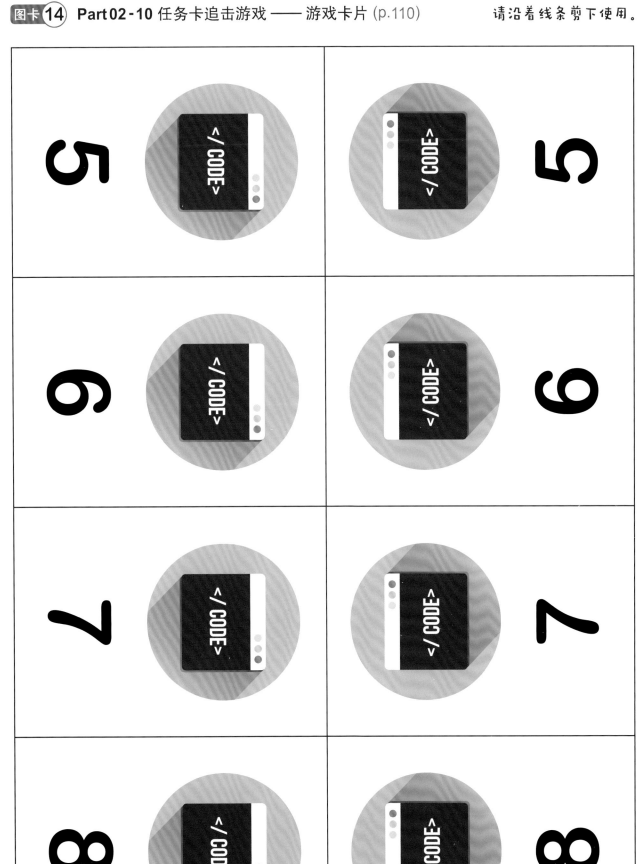

小提醒：避开【病毒】【编码6—8】！

编码5

可淘汰
【编码1—4】【秘密情报】
【黑客】【疫苗】。

编码5

可淘汰
【编码1—4】【秘密情报】
【黑客】【疫苗】。

小提醒：避开【黑客】【病毒】【编码7】【编码8】！

编码6

可淘汰
【编码1—5】
【秘密情报】【疫苗】。

编码6

可淘汰
【编码1—5】
【秘密情报】【疫苗】。

小提醒：避开【黑客】【病毒】【编码7】【编码8】！

小提醒：避开【黑客】【病毒】【编码8】！

编码7

可淘汰
【编码1—6】
【秘密情报】【疫苗】。

编码7

可淘汰
【编码1—6】
【秘密情报】【疫苗】。

小提醒：避开【黑客】【病毒】【编码8】！

小提醒：避开【黑客】【病毒】！

编码8

可淘汰
【编码1—7】
【秘密情报】【疫苗】。

编码8

可淘汰
【编码1—7】
【秘密情报】【疫苗】。

小提醒：避开【黑客】【病毒】！

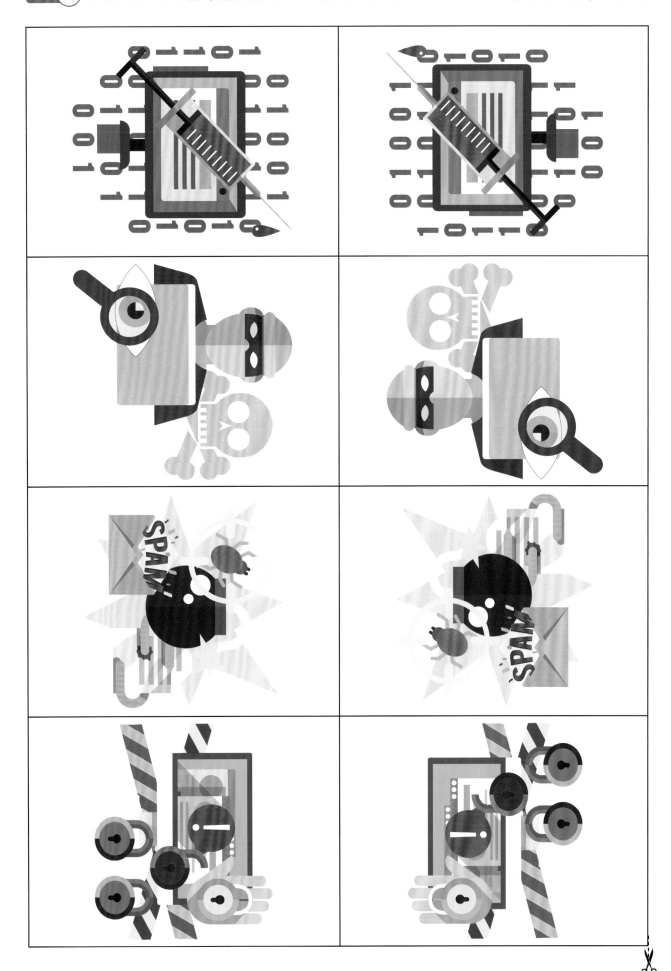

疫苗
特殊卡片

无论抓与被抓，
自己都会被淘汰，
但是可以得知对方身份。

小提醒：可以伪装成【秘密情报】诱导对方来抓捕自己，自身淘汰时可得知对方身份并告知队友。

疫苗
特殊卡片

无论抓与被抓，
自己都会被淘汰，
但是可以得知对方身份。

小提醒：可以伪装成【秘密情报】诱导对方来抓捕自己，自身淘汰时可得知对方身份并告知队友。

黑客
特殊卡片

可淘汰
【编码6-8】
【秘密情报】【疫苗】。

小提醒：避开【病毒】【编码1-5】！

黑客
特殊卡片

可淘汰
【编码6-8】
【秘密情报】【疫苗】。

小提醒：避开【病毒】【编码1-5】！

病毒
特殊卡片

可淘汰除【编码1】以外的所有卡片，但淘汰对方的同时自身也将被淘汰。

小提醒：避开【编码1】！

病毒
特殊卡片

可淘汰除【编码1】以外的所有卡片，但淘汰对方的同时自身也将被淘汰。

小提醒：避开【编码1】！

秘密情报
特殊卡片

不能淘汰任何人，一旦被对方的人抓到，则会被无条件淘汰，整个团队也就输了。

小提醒：需避开所有人的抓捕。

秘密情报
特殊卡片

不能淘汰任何人，一旦被对方的人抓到，则会被无条件淘汰，整个团队也就输了。

小提醒：需避开所有人的抓捕。

暗号文字卡片

你	格	快	开
动	子	我	两
速	解	脑	暗
号	人	筋	出

暗号板卡片

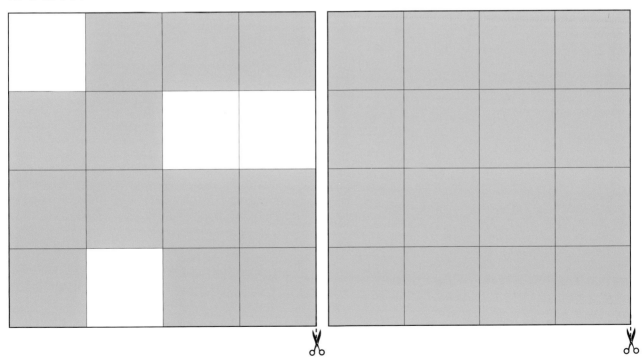

☆ 起始位置					

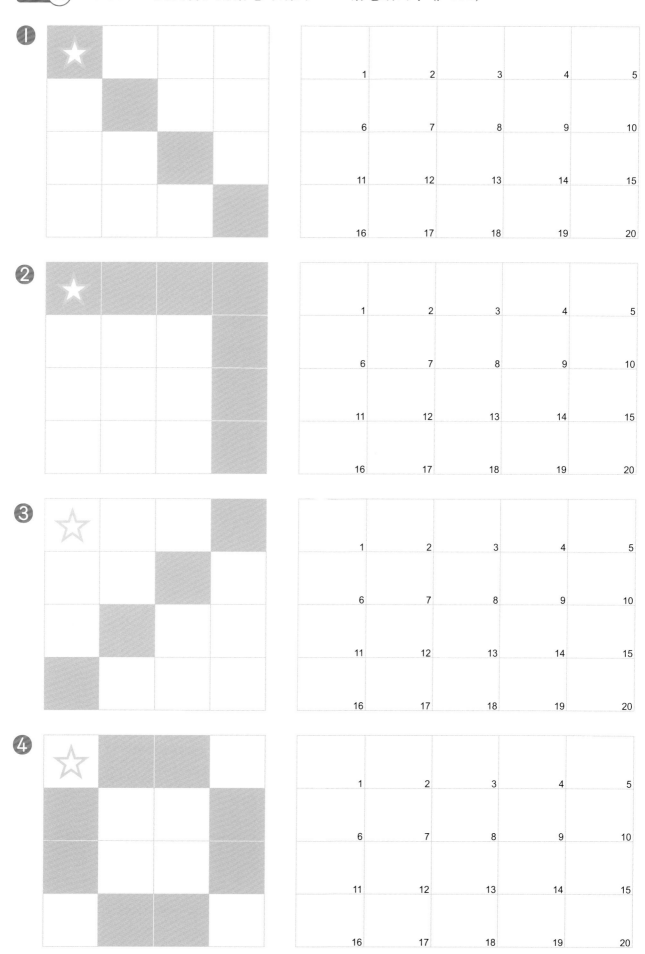

准备材料，在花盆中种植四季豆。

在花盆底部放上网或石子，
以阻挡土壤和水从花盆的底洞流失。

种子种植的深度为种子身长的2~3倍，
放好后盖上土壤。

用洒水壶给种子充分浇水。

将四季豆用清水洗干净。

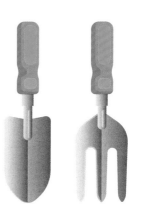

除去花盆中的杂草。

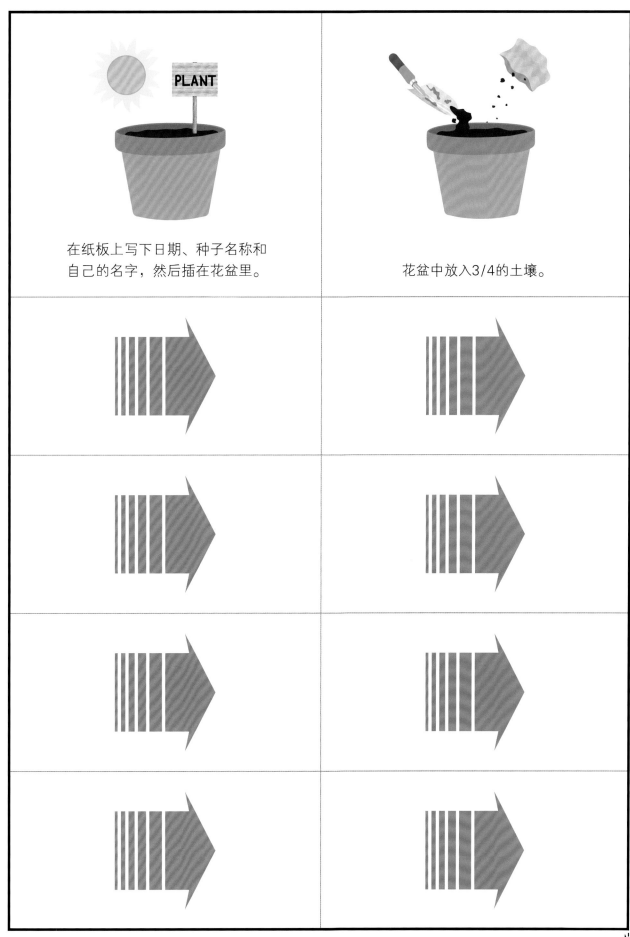

在纸板上写下日期、种子名称和
自己的名字，然后插在花盆里。

花盆中放入3/4的土壤。

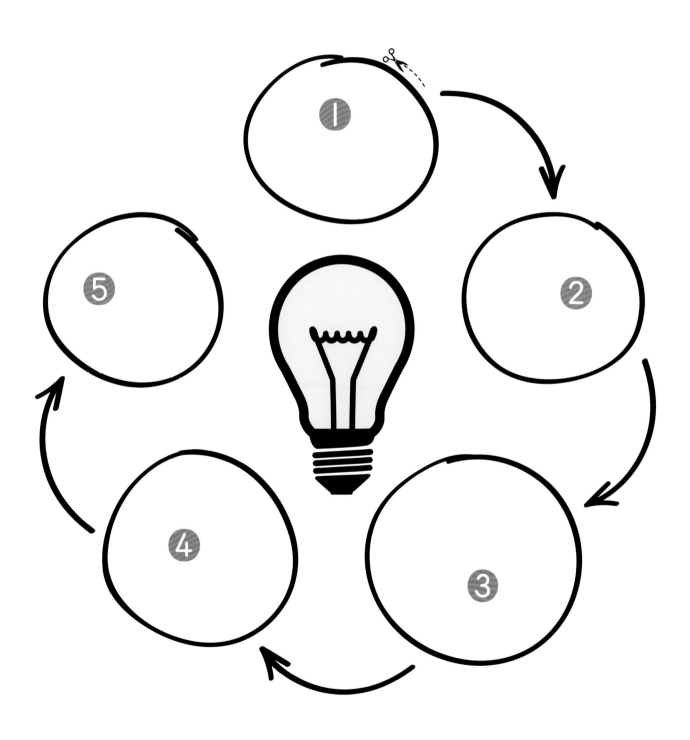

条件 ① <并且>	嫌疑人戴着眼镜 并且是男生
条件 ② <或>	嫌疑人穿着白色衬衫 或是蓝色衬衫
条件 ③ <不是 / 没有>	嫌疑人身高没有超过160 cm

条件 ① <并且>	
条件 ② <或>	
条件 ③ <不是 / 没有>	

0	1	2	3	4
5	6	7	8	9
0	1	2	3	4
5	6	7	8	9

图卡 **24** **Part 03-(8、9、10)** 机器人闯迷宫(1)(2)(3)—— 指令卡片
(p.160/166/172)

请沿着线条剪下使用。

地板 （黄色）	地板 （黄色）	地板 （黄色）		
地板 （蓝色）	地板 （蓝色）	地板 （蓝色）		
地板 （　　）	地板 （　　）	地板 （　　）		
定义 函数1 〈开始〉	定义 函数1 〈开始〉	定义 函数1 〈结束〉	定义 函数1 〈结束〉	调用 函数1
定义 函数2 〈开始〉	定义 函数2 〈开始〉	定义 函数2 〈结束〉	定义 函数2 〈结束〉	调用 函数1
调用 函数2	调用 函数2	调用 函数2	调用 函数2	调用 函数1

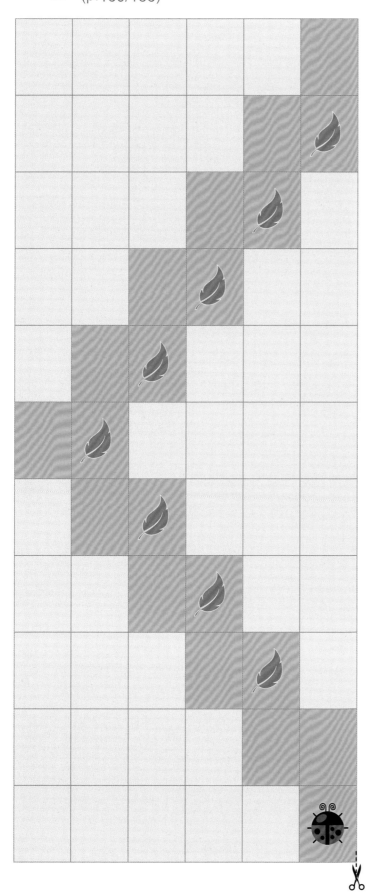

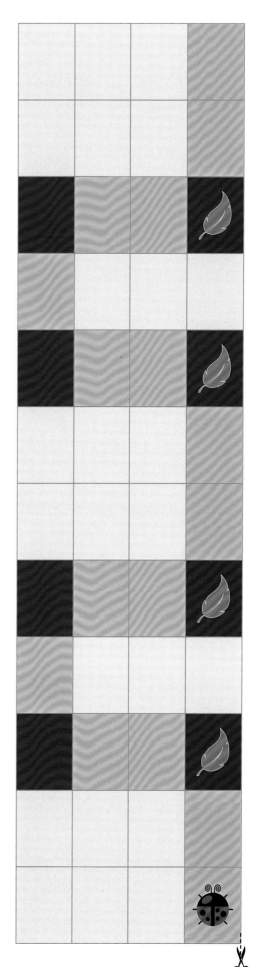

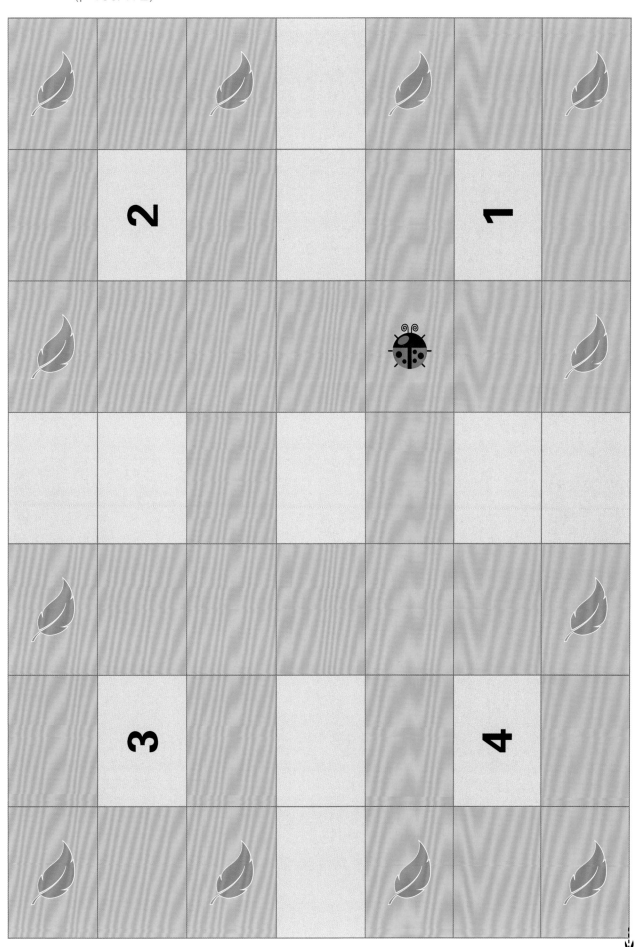

图卡 30 **Part03-11** 动动脑！玩条件设定游戏 —— 数字卡片 (p.178)
Part03-12 设定"模式"的卡片游戏 —— 数字卡片 (p.182)

请沿着线条剪下使用。

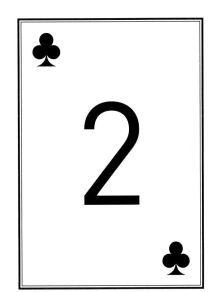
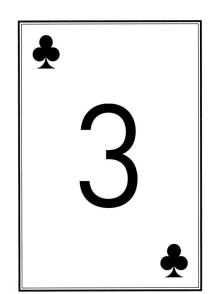
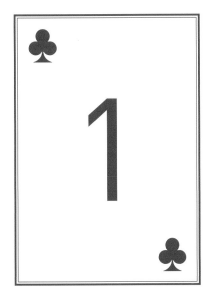
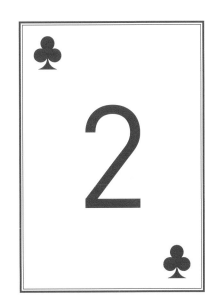
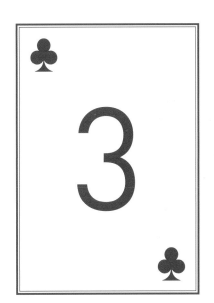

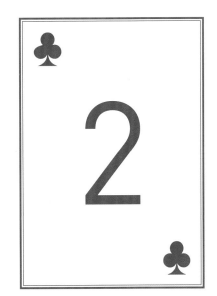

图卡 31

Part 03-11 动动脑！玩条件设定游戏 —— 数字卡片 (p.178)
Part 03-12 设定"模式"的卡片游戏 —— 数字卡片 (p.182)

请沿着线条剪下使用。

图卡 32 **Part 03-11** 动动脑！玩条件设定游戏 —— 数字卡片 (p.178)
Part 03-12 设定"模式"的卡片游戏 —— 数字卡片 (p.182)

请沿着线条剪下使用。

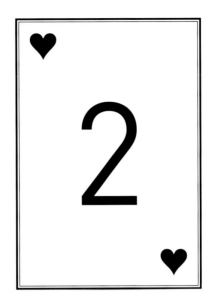
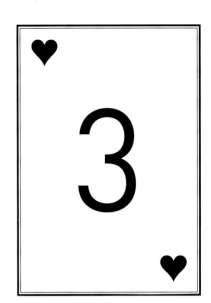

数字约定卡

0	1	2
关	开	
3	4	5
6	7	8
9		

字母约定卡

A	B	C
关（0）	开（1）	
D	E	F
G	H	I
J	K	L
M	N	O
P	Q	R
S	T	U
V	W	X
Y	Z	

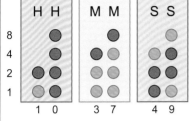

二进制时钟卡片
Binary Clock

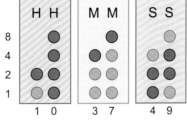

二进制时钟卡片
Binary Clock

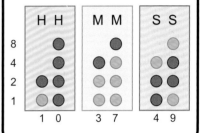

二进制时钟卡片
Binary Clock

* 问题卡片 *

H	H	M	M	S	S

现在是几点几分几秒？
说明一下解读时钟的方法吧。

* 问题卡片 *

H	H	M	M	S	S

现在是几点几分几秒？
说明一下解读时钟的方法吧。

* 问题卡片 *

H	H	M	M	S	S

现在是几点几分几秒？
说明一下解读时钟的方法吧。

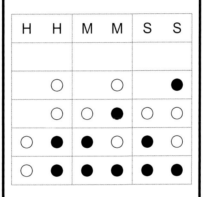

* 问题卡片 *

H	H	M	M	S	S

现在是几点几分几秒？
说明一下解读时钟的方法吧。

* 问题卡片 *

H	H	M	M	S	S

现在是几点几分几秒？
说明一下解读时钟的方法吧。

* 问题卡片 *

H	H	M	M	S	S

现在是几点几分几秒？
说明一下解读时钟的方法吧。

痛苦	无聊	忧郁
惊讶	幸福	烦闷
悲伤	疲惫	开心
兴奋	苦恼	入迷

晴	多云	阴
小雨	大雨	雪
冰雹	打雷	多云转晴
台风	彩虹	暴雪

心情指数	心情状态卡片	内容	符号化
0	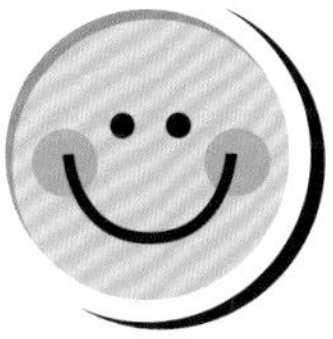	幸福	000
1	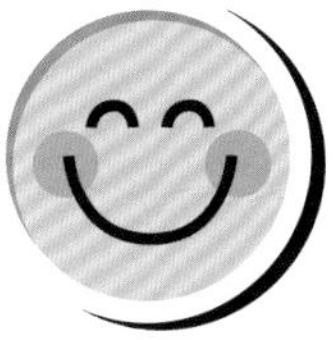	开心	001
2	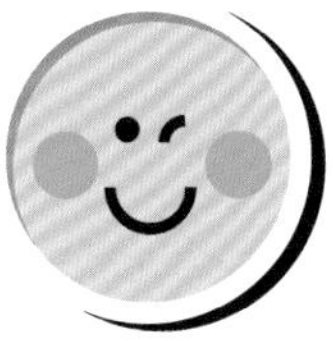	兴奋	010
3	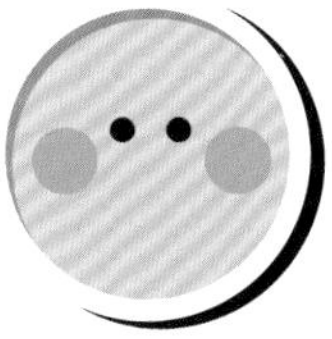	无聊	011
4	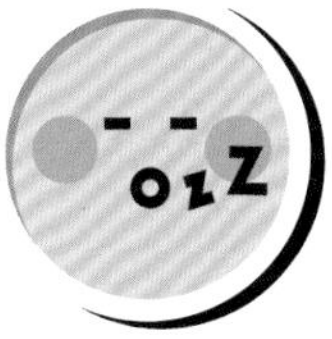	疲惫	100
5	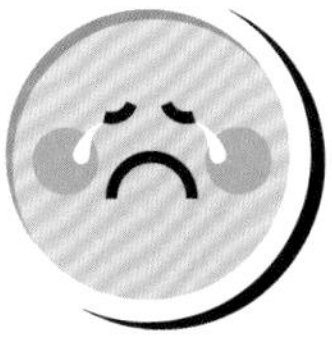	悲伤	101
6	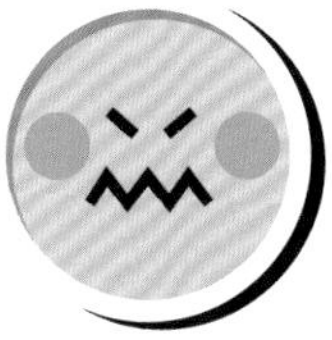	烦闷	110
7	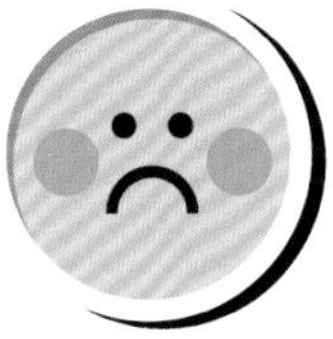	忧郁	111

从心情状态卡片中挑选出8种心情状态，然后将其按照心情指数从0到7进行排序，并用简单的文字进行描述，最后分别用0和1将它们符号化。

心情指数	心情状态卡片	内容	符号化
0			
1			
2			
3			
4			
5			
6			
7			

图卡 39 **Part 04-3 秀一秀我的心情 —— 天气符号化活动卡** (p.210)

　　从天气状况卡片中挑选出8种天气状况，然后将其按照天气指数从0到7进行排序，并用简单的文字进行描述，最后分别用0和1将它们符号化。

天气指数	天气状况卡片	内容	符号化
0			
1			
2			
3			
4			
5			
6			
7			

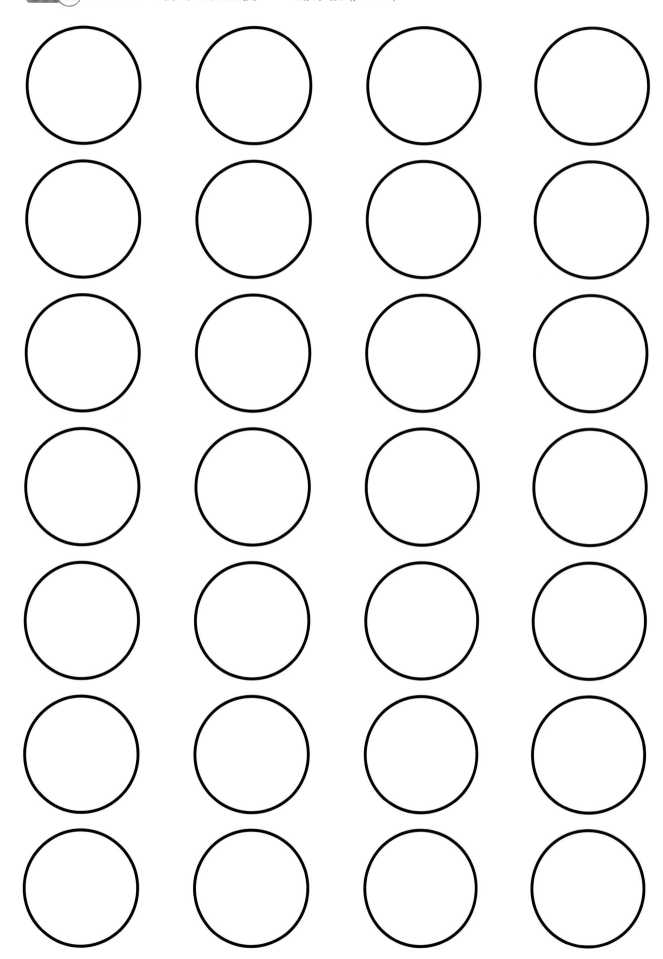

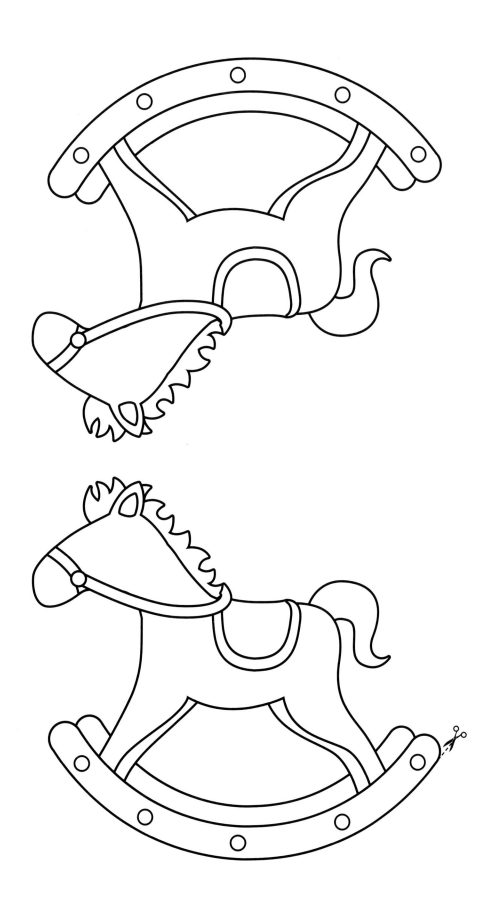

粘

贴

处

粘

贴

处

粘

贴

处

粘

贴

处

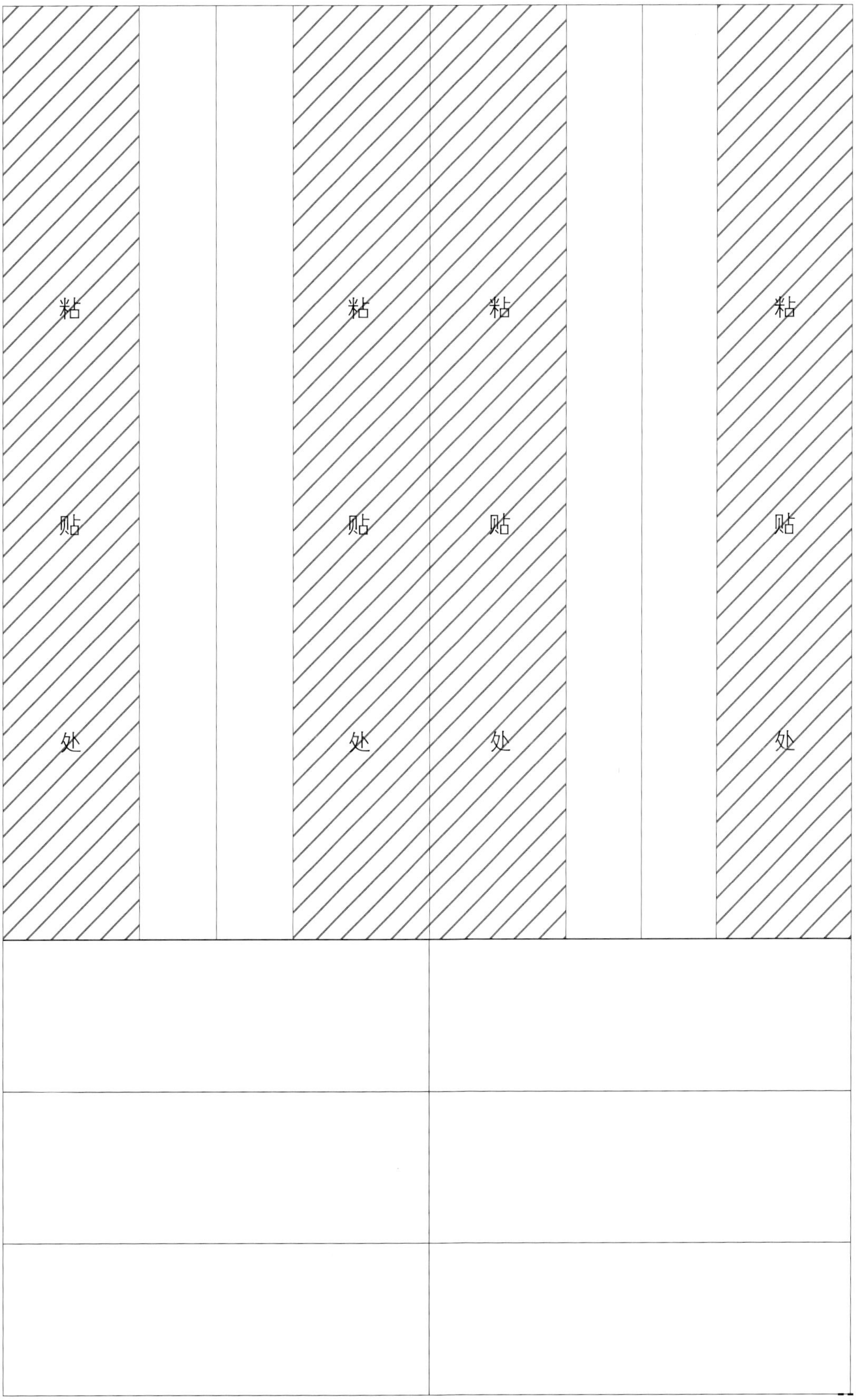

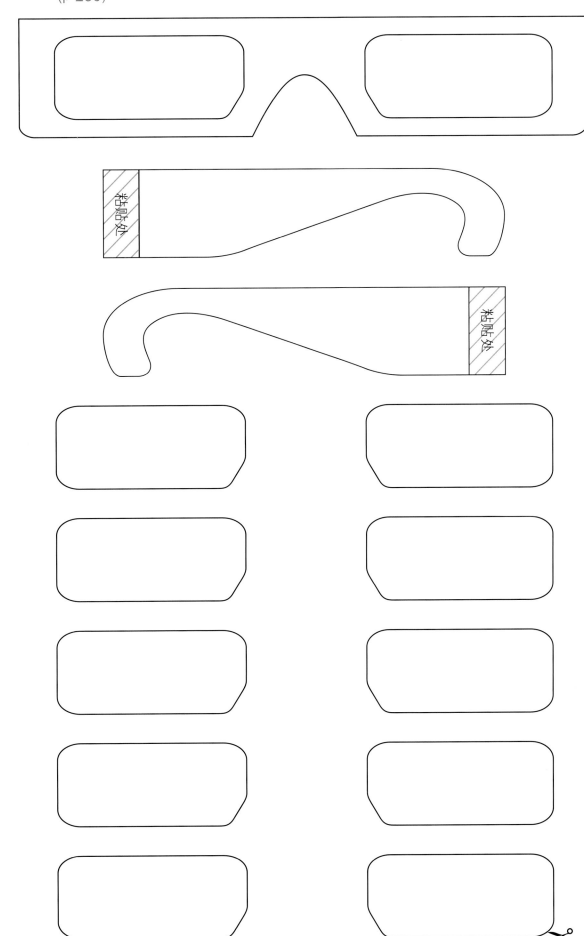

Part 04-9 制作 AR（增强现实）眼镜 —— AR眼镜制作卡
(p.234)

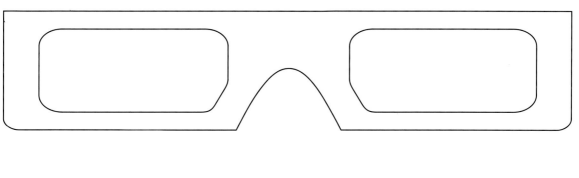

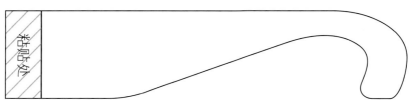

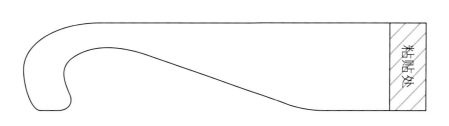

将此面贴在一张透明膜片上，并沿线剪出透明镜片。

将此面贴在一张透明膜片上，并沿线剪出透明镜片。

将此面贴在一张透明膜片上，并沿线剪出透明镜片。

将此面贴在一张透明膜片上，并沿线剪出透明镜片。

不插电！
神奇的编程思维是玩出来的

언플러그드 놀이 (Unplugged Play)

〔韩〕洪志连 〔韩〕申甲千/著

邓瑾又/译

天津出版传媒集团

天津科学技术出版社

著作权合同登记号：图字 02-2020-123

图书在版编目（CIP）数据

不插电！神奇的编程思维是玩出来的 /（韩）洪志连，
（韩）申甲千著；邓瑾又译 . -- 天津：天津科学技术出
版社，2021.9

ISBN 978-7-5576-9356-5

Ⅰ . ①不… Ⅱ . ①洪… ②申… ③邓… Ⅲ . ①程序设
计 - 少儿读物 Ⅳ . ① TP311.1-49

中国版本图书馆 CIP 数据核字（2021）第 107329 号

不插电！神奇的编程思维是玩出来的

BU CHADIAN! SHENQI DE BIANCHENG SIWEI SHI WAN CHULAI DE

总 策 划：北京今日今中

责任编辑：张　婧

出　　版：天津出版传媒集团
　　　　　天津科学技术出版社

地　　址：天津市西康路 35 号

邮　　编：300051

电　　话：(022) 23332695

网　　址：www.tjkjcbs.com.cn

发　　行：新华书店经销

印　　刷：北京印刷集团有限责任公司

开本 889×1194　1/16　印张 15.5　字数 310 000

2021 年 9 月第 1 版第 1 次印刷

定价：168.00 元

从小就体验玩不插电游戏的乐趣！

　　一个人小时候的特殊经历，往往会对他的人生产生重大影响。比尔·盖茨、史蒂夫·乔布斯、马克·扎克伯格等世界知名信息科技公司的创始人，都是在孩童时期就接触到计算机并对其产生兴趣，才能在长大后创办起这些闻名全球的企业的。笔者现在之所以会从事计算机和软件设计的教育工作，也是因为在小时候偶然接触到网页设计的知识，并慢慢对计算机产生了兴趣。如今，计算机科学已成为一门显学，越来越多的家长开始为孩子报名各种少儿编程培训班。然而，对于年纪尚小的孩子来说，因为不熟悉计算机操作而导致在学习过程中困难重重，是很常见的情况。看到这些，我不禁想到"不用计算机也能学习程序设计"的不插电游戏。我最早接触不插电游戏是通过蒂姆·贝尔（Tim Bell）教授团队编著的《不插电的计算机科学》一书，虽然很多年过去了，但我仍然对书中的内容记忆犹新。为了让大家都能体会到不插电游戏的乐趣和效果，我们编写了本书。

　　本书共分为四个部分。前两部分的游戏主要是为低年级学生设计的，目的是让他们通过游戏熟悉计算机科学的基本概念；后两部分的游戏难度有所升级，内容会更加有趣，当然也能带给大家更多计算机科学领域的知识。书中的大部分游戏都是小朋友能够独立进行的，小朋友可以利用身边唾手可得的围棋、吸管来玩游戏，在玩乐中掌握程序设计的基本原理。

　　被誉为"幼儿教育之父"的德国教育学家福禄贝尔（Friedrich Froebel，1782—1852）认为，儿童天生就具备多种能力，儿童天赋能力的发展是有其内在规律的，必须承认每个孩子的独特性，尊重他们不同的个性。教育的目的在于启发儿童的创造性天赋，因此能够激发孩子创作力的活动就是好的活动。本书中所介绍的游戏能够帮助孩子理解程序设计的基本概念，进而培养其编程思维力和创意思考力。孩子在玩游戏的过程中，会体验独立思考、亲手制作、竞赛与合作的乐趣，也会变得更有想象力。

　　最后，期待本书能够唤起父母与老师对程序设计教育的关注，并且激起大家对计算机或程序设计的兴趣，也希望孩子能通过本书克服对程序设计教育的恐惧感，并充分体验到程序设计的乐趣。若孩子们在阅读本书后，能在家里、学校运动场或教室里兴致盎然地玩不插电游戏的话，那真是太令人欣慰了。

作者简介

洪志连
小学教师｜韩国首尔教育大学初等计算机教育博士
著作：《通过故事与游戏学习SCRATCH》
　　　《Hello！软件程序设计》

申甲千
小学教师｜韩国京仁教育大学初等计算机教育硕士
著作：《bug魔王和entry世界的危机》
　　　《Hello！软件程序设计》

让孩子与程序设计变得亲近的
不插电游戏！

❶ 就这样开始程序设计教育吧！

▶▶▶ 为什么需要程序设计教育？

我们现在生活在一个什么样的世界呢？利用智能手机购物，与美国朋友进行视频聊天，利用网络快速搜索各种信息……这些都是大家习以为常的事情吧！未来，我们生活的世界又会变成什么样子呢？无人驾驶车全面普及，机器人为我们做手术，用一部智能手机就能远距离遥控家中的所有电器，未来的时代应该如此吧！而让这一切成为现实的关键，就是"程序设计"。

可以说，未来的世界将被程序所操控，而生活在其中的孩子，理所当然地要对程序有所了解，并能够解决程序设计中产生的各种问题。这就是世界各国都纷纷将程序设计教育纳入新课程大纲的原因。让孩子们从小学习程序设计，并且培养他们解决实际问题的能力，这是教育的未来趋势。

▶▶▶ 不知道该如何开始程序设计教育？那么就从不插电游戏开始吧！

要从哪里开始程序设计教育，又该如何开始呢？学习程序设计必须要先了解程序代码吗？学习起来会很困难吗？如果你也有同样的疑问，那就从不插电程序设计游戏开始学习吧！

什么是不插电（unplugged）？如同字面的意思，不插电即不用连接计算机。学习计算机科学可以不用计算机？当然可以啦！在不用计算机的前提下，我们可以通过游戏来了解和学习计算机程序的运行原理和程序设计的相关概念。这种不用连接计算机的计算机科学教育活动就是不插电游戏。

对于孩子而言，再也没有比不插电游戏更适合进行程序设计教育的活动了。爱玩游戏是孩子的天性，因此我们相信，孩子们都会对书中的不插电程序设计游戏产生兴趣。当孩子沉浸在这些轻松有趣的游戏中时，自然而然就能了解和掌握程序设计的概念以及计算机运行的原理。

❷ 培养孩子们的计算思维能力！

如前所述，孩子们在玩这些不插电游戏的过程中，会遇到许多不同类型的问题和挑战，而在解决这些问题的同时，他们也能掌握一些解决问题的规则和方法，并能够培养和锻炼自己的"计算思维能力"。这也是本书的主要目的。下面我们就来了解一下计算思维能力吧！

▶▶▶ 什么是计算思维（Computational Thinking）①能力？

什么是计算思维能力？是像计算机那样，即使碰到再复杂的问题，也能快速解决的能力吗？相信大家都产生过这样的想法："要是我能够像计算机一样聪明就好了。"实际上，计算机之所以能够这么聪明，是因为人类给它下达了指令。将对计算机下达的所有指令集合起来就是程序，而编写程序的过程就被称作程序设计（Programming）。

那么，人类也能够像计算机那样高效而完美地处理事情吗？当然可以！只要拥有高效解决问题的思维能力就可以。这种思维能力就像是计算机接受指令和处理信息的方式，因此被称为计算思维能力。也就是说，只要掌握了计算思维能力，我们也能像计算机那样拥有快速解决问题的能力。

▶▶▶ 计算思维能力都包括哪些能力？

计算思维是运用计算机科学的基础概念进行问题求解、系统设计、人类行为理解等的一系列思维活动，它是一种思维方式，是每个人都应当掌握的基本技能。要想以计算思维来解决问题，我们必须要具备以下几种能力：

▲ 制作有趣好玩的怪兽

▲ 猜猜巧克力在哪里？

第一，必须要有将问题化繁为简的能力；
第二，必须要有分析数据、逻辑思维与组织能力；
第三，必须能够以图表等形式表现数据内容；
第四，必须要有通过算法来解决问题的自动化思考能力；
第五，能够实际有效地解决问题，并且能够验证；
第六，能够将问题解决的过程应用在其他问题上。

---

① 计算思维（Computational Thinking）包括四部分：
　问题拆解（Decomposition）：将复杂的大问题拆解成多个小问题，再逐一解决；
　模式识别（Pattern Recognition）：寻找问题间的相似之处；
　抽象化（Abstraction）：化繁为简，找出重要信息；
　算法（Algorithm）：设计出能够解决问题的步骤和规则。

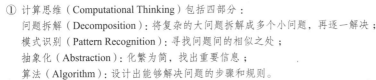

❸ 为孩子营造锻炼计算思维的环境！

我们该如何培养孩子的计算思维能力呢？虽然有各式各样的方法，但首先必须要为孩子营造出锻炼计算思维的环境。

▶▶▶ 独自找出解决问题的方法！

我们前面提过，计算思维是一种解决问题的思维方法。因此，要想培养和锻炼这种思维方式，就离不开解决问题的实践活动。也就是说，只有在解决问题的实践中，才能更有效地培养孩子的计算思维。这样的话，鼓励孩子独立寻找解决问题的方法就显得尤为重要。绝对不能因为问题对孩子而言太过困难，而抢走了孩子独立寻找解决方法的机会。

▶▶▶ 借助适当的道具！

不插电程序设计游戏与其他活动不同，几乎不用花费任何费用，只需利用身边唾手可得的物品就能够充分地培养孩子的计算思维能力。比如孩子通过寻找杯中的巧克力就能学习搜索算法，利用围棋就能体验像素艺术。不论是什么道具，只要善于利用，都能够锻炼孩子的计算思维能力，成为有用的学习素材。

▲ 用围棋子画像素画

▶▶▶ 张开想象的翅膀！

很多时候，解决问题的方法不止一种。孩子在面对问题时，若能发挥想象力和创造力，自己想办法将问题解决，就会获得很大的成就感。因此，我们应该创造出轻松自由的环境，鼓励孩子形成自己的想法。如果有时间，请爸爸妈妈也一起来帮助孩子出谋划策吧！

▶▶▶ 提供与朋友一起合作的机会！

解决问题时，相较于独自一人思考，许多人一起进行头脑风暴的效果肯定会更好。大家互相分享想法，就可以集思广益，互相比较学习，进而得出更棒的想法和解决问题的方法。在学校请与朋友一起，在家里请与兄弟姐妹以及父母一起试试看吧！

▲ 制作方形地球

❹ 请特别注意！

进行不插电程序设计游戏之前，请大家先来看看有哪些地方是需要特别注意的。

▶▶▶ 通过游戏自然学习，不是玩完游戏就结束！

要想让孩子通过不插电程序设计游戏来学习计算思维，就离不开父母的帮助。如果孩子只是愉快地沉浸在游戏中，而不对游戏过程进行深入思考，那么玩游戏也就失去了意义。游戏并不是玩完就结束了，我们必须要了解游戏的重要部分、游戏的原理和目的是什么，并将这些充分地讲解给孩子听。举例来说，在"吸管比高低"的游戏中，孩子需要将吸管按照某种方法进行排序，而计算机也是依照这种方法来整理数据的，我们必须要将这些知识告诉孩子。

游戏不只是玩玩那么简单，请赋予游戏更丰富、更新颖的意义。

▶▶▶ 请让孩子自己来，父母只提供适当的帮助！

在玩游戏的过程中，即使孩子不太会玩，父母也不要直接越俎代庖。对于年幼的孩子来说，不太会做或者做错步骤都是情理之中的事。如果每当这时父母就代劳的话，孩子就无法得到学习和成长的机会了。从失败中吸取经验和教训，有利于孩子的快速成长。父母只需在必要的情况下出手帮忙，比如当孩子使用刀子或火等危险事物的时候。

▶▶▶ 不插电程序设计游戏是孩子程序设计教育的起点！

不插电程序设计游戏可以帮助孩子熟悉计算思维与计算机科学的概念，激发孩子对程序设计的兴趣，这些都将成为他以后学习程序设计的基础和动力。我们也可以利用一些在线程序设计学习平台，比如"code.org""lightbot.com"等，帮助低年级小学生学习程序设计的基础原理。

目录

Part 02 培养计算思维能力的不插电游戏

Part 03 学习程序设计原理的不插电游戏

❶ 机器人是我的好伙伴 ⋯⋯⋯⋯⋯⋯⋯ **128**
游戏学习重点：算法
Special page 机器人写新闻？！

❷ 试试看！用铅笔写编码 ⋯⋯⋯⋯⋯⋯ **132**
游戏学习重点：程序设计
Special page Pencil Code（铅笔编码）

❸ 快啊！程序编码接力赛 ⋯⋯⋯⋯⋯⋯ **136**
游戏学习重点：调试
Special page 调试与调试程序

❹ 勤奋快乐的小花农 ⋯⋯⋯⋯⋯⋯⋯⋯ **142**
游戏学习重点：编程思维
Special page 农业机器人

❺ 图标设计师 ⋯⋯⋯⋯⋯⋯⋯⋯⋯⋯⋯ **146**
游戏学习重点：抽象化
Special page 一目了然的地标

❻ 比一比，谁是神掷手？ ⋯⋯⋯⋯⋯⋯ **152**
游戏学习重点：变量
Special page 自动计算所有分数

❼ 我是大侦探！ ⋯⋯⋯⋯⋯⋯⋯⋯⋯⋯ **156**
游戏学习重点：条件
Special page 侦查能力不输警察的网友搜查队

❽ 机器人闯迷宫（1）重复中的重复 ⋯⋯ **160**
游戏学习重点：循环嵌套
Special page 生活中的循环嵌套

❾ 机器人闯迷宫（2）条件中的条件 ⋯⋯ **166**
游戏学习重点：条件语句
Special page "超人要回家"游戏

目录 **9**

Part 04 学习计算机科学新概念的不插电游戏

Part 01

培养创意思考力的不插电游戏
游戏材料

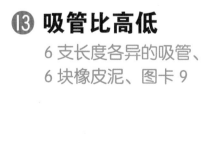

独特的饼干项链

谁说饼干只能用来吃呢？发挥想象力，让这些形状、大小与颜色各异的饼干华丽变身吧！请按照一定的规则将饼干串在一起，做出独一无二的饼干项链！

难度：★ ☆ ☆
所需时间：15分钟
游戏成员：1人以上
准备物品：饼干、绳子

游戏说明

★ **游戏目标**

学会识别反复出现的相同模式或规则。

★ **游戏约定**

请在游戏结束后将饼干吃掉。

游戏学习重点

模式识别（Pattern Recognition）

这个游戏的目的是希望小朋友在排列饼干的过程中发现模式的规则，并学会识别模式，从而培养解决问题的能力。

① 准备 3~5 种中间有孔，且形状、大小与颜色各不相同的饼干以及绳子。

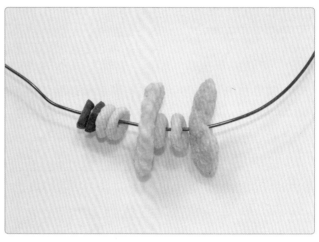

② 将几种不同的饼干按照一定的顺序穿入绳子中，这样就创造出一种模式。

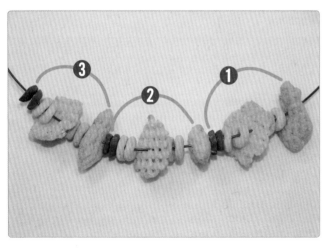

③ 重复自己创造的模式，将饼干依序穿入绳中。

④ 完成专属于自己的饼干项链。将项链戴在脖子上，拍一张照片留念吧！

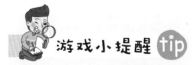

游戏小提醒 tip

　　不一定非要用饼干来玩这个游戏。凡是中间有孔的物品，比如串珠或纽扣等，都可以拿来制作项链或手链，学习模式识别。真是超级便利！现在就利用家中容易取得的材料来玩这个游戏吧！

加上思考力

设计出专属于自己的模式！

1 "星星—甜甜圈—爱心—月亮"，可以看出下图是依此顺序重复排列的吗？不过，月亮图案的颜色是不是有差别呢？第二轮第四个位置的月亮图案的颜色发生变化，会导致模式改变吗？

1	2	3	**4**	1	2	3	**4**	1	2	3
★	◯	♥	🌙	★	◯	♥	🌙	★	◯	♥

2 请在下面画出不同的形状，设计出专属于自己的模式。

在生活中寻找程序设计原理：
模式识别

　　生活中的很多事物都含有某种模式，其中最具代表性的例子就是镶嵌图案。平时多留意观察这些事物，有助于提升自己的模式识别能力。

镶嵌图案（Tessellation）

　　镶嵌是利用一种或一种以上的几何图形在平面上做无缝隙的拼排。这个名词来源于拉丁语"Tessella"，原义是古罗马人装饰房屋时，常使用的小正方形石块或瓷砖。镶嵌图案的典型代表就是西班牙南部城市格拉纳达的伊斯兰风格建筑——阿尔罕布拉宫（La Alhambra）。

▲ 阿尔罕布拉宫花园的墙壁装饰

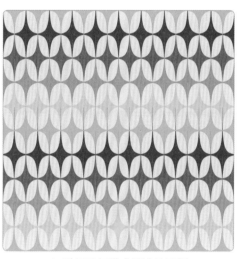

▲ 利用重复模式设计的图样

　　阿尔罕布拉宫的建筑物外墙图案精美，令人叹为观止。这些漂亮的图案就是用瓷砖拼排成的镶嵌图案。如果你仔细观察，就能发现镶嵌图案其实包含了重复的图案模式。采用重复的图案模式是一种十分实用而美观的设计，常用于衣服、家具、家电等产品设计中，或者应用于电子游戏的画面设计中。

SECTION 2

有趣好玩的怪兽

你会画怪兽吗？把各种怪兽的特征用图画呈现出来，再将这些特征随机组合，就能创造出千奇百怪的怪兽。赶快试试看吧！

难度：★☆☆
所需时间：20分钟
游戏成员：1人以上
准备物品：透明塑料杯、记号笔、图卡1

 游戏说明

★ **游戏目标**

学会将复杂的事情简单化。

★ **游戏约定**

记号笔的笔迹不容易清洗，因此注意不要沾到手上。

 游戏学习重点

抽象化（Abstraction）

先确定能够彰显怪兽特征的部位，再将各部位画在透明塑料杯上，接着将塑料杯摞起来，就能做出与众不同的怪兽。怪兽的各种特征请以抽象化的方式表现。若能运用抽象化思考，就可以将复杂的事情变得简单。

① 准备数个透明塑料杯与记号笔，也可以使用签字笔代替记号笔。

② 参考怪兽造型图（图卡1），将怪兽的各部位分别画在塑料杯上。（比如在第一个杯子上画头，在第二个杯子上画眼睛。）

③ 将画有身体、眼睛、嘴巴、手脚等部位的塑料杯随意摞起来，就能创作出外形独特的怪兽。

④ 个性十足的小怪兽制作完成！用制作完成的怪兽与朋友一起玩游戏吧！

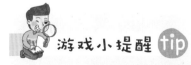

游戏小提醒 tip

　　可以在杯子的空白处画上不同特征或造型的部位。举例来说，在已经画有身体的杯子上，再用其他颜色的笔画上一个不同造型的身体，之后只要旋转杯子，就能变幻出不同的怪兽；在画有嘴巴的杯子上，再画上另一种造型的嘴巴，之后旋转杯子，就能改变怪兽的模样。按照这种抽象化的方式，就能创造出各种各样的怪兽。

发挥神奇的想象力，创造出世界上独一无二的怪兽。

1 想象一下怪兽的身体、嘴巴、手脚等部位，自己试着动手画，尽量将怪兽的特征表现出来。

2 找出怪兽的特征，并且利用简单的方式将其表现出来，这样的思考方式就属于抽象化思考。

Special page

从绘制漫画角色中学习抽象化思考

漫画里的角色是怎么诞生的呢?

可以试着用下面的方法设计一个萌萌的小狗角色。首先,必须仔细观察小狗的照片,在复杂的图像中提炼出小狗的特征,然后再简单地画出来。这个过程就属于抽象化思考的过程。

❶ 请仔细观察。

❷ 找出整体轮廓。

❸ 先画出轮廓,再填充主要部位。

❹ 完成。

虽然看起来复杂,但只要找出小狗的主要特征,就能够用简洁的线条将其表现出来。各位可以做到吗?那么现在就来试试看吧!

寻找食物的蜘蛛

蜘蛛会吐丝结网，并用蛛网来猎取食物。依照图纸中数字的顺序将所有点连接起来，就能画出蜘蛛喜欢的食物。快做出美味的食物送给蜘蛛当礼物吧！

难度：★☆☆
所需时间：10分钟
游戏成员：1人以上
准备物品：普通铅笔、
彩色铅笔、图卡2

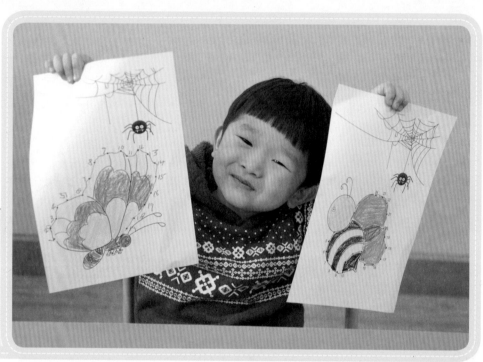

游戏说明

★ **游戏目标**

通过按顺序连线来学习顺序思考。

★ **游戏约定**

从数字最小的点开始连起。

游戏学习重点

顺序思考（Sequential Thinking）

依照顺序连接各点，就能画出一幅图画。同样，当遇到问题时，如果依照顺序一步步解决，那么答案自然会浮现出来，问题也就迎刃而解了。这种依照顺序思考和解决问题的方式就叫作"顺序思考"。

不插电！神奇的编程游戏

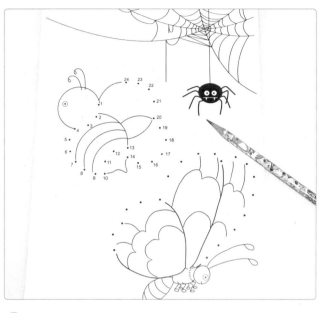

❶ 请准备好铅笔和数字连线图（图卡2）。

❷ 在蜘蛛喜欢的食物上找出最小的数字。

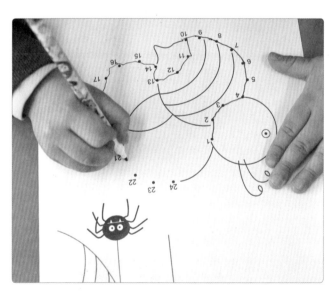

❸ 从最小的数字开始，按照由小到大的顺序将每个点连接起来。

❹ 大功告成！将美味的食物送给蜘蛛吧！

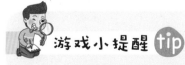

游戏小提醒 tip

　　用彩色铅笔给完成的图画涂色。通过这个依照顺序连接数字的游戏，小朋友们既可以学习顺序思考的方法，又可以享受涂色的乐趣。

自定顺序！

1 给各点标上数字。

2 按照数字的顺序连接各点，完成图画。

3 好了，现在就来试着给图画涂色吧！一边玩绘画和涂色游戏，一边学习顺序思考，真是一举两得。

Special page

找出错误部分并修正：
调试

有些小朋友在标好数字并按照顺序完成图画后，会发现图画很奇怪。这是为什么呢？原来这是因为我们设定的数字顺序有误。这时该怎么办呢？当然是要修改数字顺序了。

什么是调试？

找出错误的部分并修正，用程序设计的专业术语来说就叫调试，调试的英文是"Debug"，这里的"Bug"是"虫子"的意思，"Debug"的字面意思就是把虫子（Bug）除去。

为什么调试会被称为"Debug"呢？1947年，世界最早的程序设计师之一，美国海军准将格蕾丝·莫雷·霍珀（Grace Murray Hopper）发现计算机马克2号（Harvard Mark Ⅱ）出现故障，无法正常运行。她拆开继电器后，发现故障原因是一只飞蛾被夹扁在触点中间，从而造成短路。

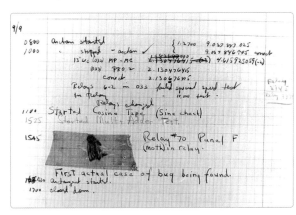

▲ 史密森尼美国艺术博物馆所展示的最早的Bug

随后，她将飞蛾残骸贴于研究报告中。于是这只飞蛾成了造成计算机故障的第一只虫子。从那时起，人们把任何造成计算机运行错误的程序故障都称为"Bug"，把排除程序故障称为"Debug"。霍珀当时所写的报告和那只飞蛾，至今仍被收藏于美国国家历史博物馆（National Museum of American History）中。

不可思议的方形地球

你是否想过，如果地球不是圆的，而是方的，我们的生活会发生怎样的变化呢？请试着绘制一个方形地球吧！想想看，我们该怎样绘制呢？

游戏引导

难度：★★☆

所需时间：30分钟

游戏成员：2人以上

准备物品：纸箱、6张白纸、胶水、绘画工具、图卡3

游戏说明

★ **游戏目标**

将大问题拆分成小问题，然后再逐一解决。

★ **游戏约定**

确保各个面的图案能够互相衔接。

游戏学习重点

问题拆解（Decomposition）

　　想要绘制方形地球，可以先将每个面画出来，然后再组合在一起。也就是说，先将复杂或难以解决的问题拆解成多个小问题，再逐一解决。小朋友若能通过这个游戏学会问题拆解的方法，那么再复杂、再困难的问题都能解决。

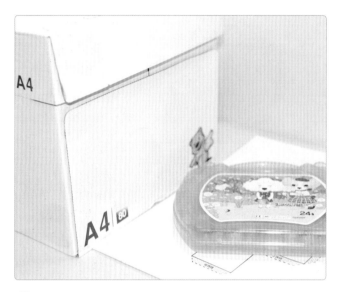

① 准备好纸箱、6张白纸（与纸箱每一面的大小吻合）、迷你展开图（图卡3）以及蜡笔、彩色铅笔等绘画工具。

② 先在迷你展开图上绘制草图。展开图就是纸箱展开的模样。

③ 一边看着迷你展开图，一边将展开图上画好的图样绘制到6张白纸上。可以与父母或朋友一起绘制。

④ 使用彩色铅笔或颜料给图画涂色。

⑤ 用胶水将画好的纸张粘贴在纸箱上。

⑥ 方形地球制作完成！

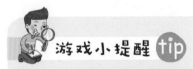

游戏小提醒 tip

　　迷你展开图的各面大小相同，而纸箱的各面大小却不同。请不要担心！迷你展开图只是我们绘制方形地球的参考模型。先在迷你展开图上画出海洋和陆地等图案，作为绘制地图的参考。最后绘制时，再根据纸张的大小绘制即可。

解决难题的关键是
拆解问题

你见过街边五颜六色的巨幅壁画吗?

几年前,在韩国京畿道的安山市举行的异色街角壁画活动中,2966 名幼儿园学生和小学生共同完成了一幅长 310 米、高 1.8 米的巨型壁画。该壁画被吉尼斯世界纪录认证为韩国最大的马赛克绘画作品。

若要独自一人完成那么大的壁画,肯定很不容易。不过,只要将一大幅壁画分成许多小块,每个人分别绘制一小块,不就能轻松完成了吗?

▲ 异色街角壁画项目 FLY ROAD

碰上困难的问题也是如此,先将其拆分成几个小问题,然后再逐一解决,这样就变得比较容易了。

动一动！你我换位置

这是将黑白棋子按照规则交换位置的游戏。游戏开始前，两边分别摆放着数量相同的黑白棋子，然后根据规则移动，最后将黑子与白子互相交换位置。

难度：★★☆
所需时间：15分钟
游戏成员：1人以上
准备物品：围棋子、图卡4

游戏说明

★ **游戏目标**

依据制定好的规则或顺序来解决问题。

★ **游戏约定**

依据定好的规则，以最少的步数移动围棋子。

游戏学习重点

顺序思考与逻辑思考（Sequential and Logical Thinking）

先在两边分别摆放相同数量的黑子和白子，然后按照一定的规则移动，用最少的步数将黑白棋子互相交换位置。小朋友可以通过这个游戏来培养自己的顺序思考与逻辑思考能力。

不插电！神奇的编程游戏

① 准备好围棋子与迷你围棋盘（图卡4）。

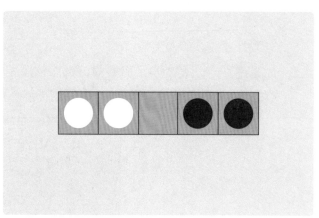

② 按照上图位置分别摆放好白子和黑子。中间空出一格。

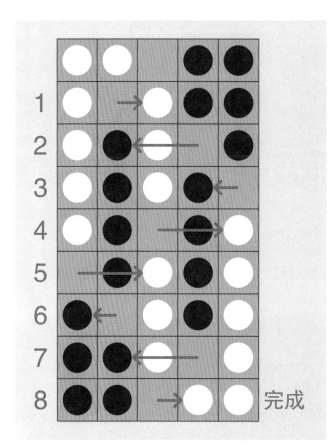

③ 依据规则移动黑子和白子。

　　规则1：棋子可以移动到相邻的空格内。

　　规则2：棋子可以跳过一个相邻的棋子，移动到最近的空格内。

　　规则3：不能跳过两个及两个以上的棋子。

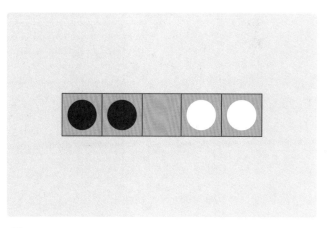

④ 好，黑子与白子已经互相换位置啦！请确保棋子完全按照规则移动，并且移动的步数最少。

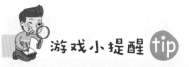

游戏小提醒 tip

　　不一定要使用围棋子，也可以用石子或橡皮等唾手可得的物品进行游戏。

加上思考力

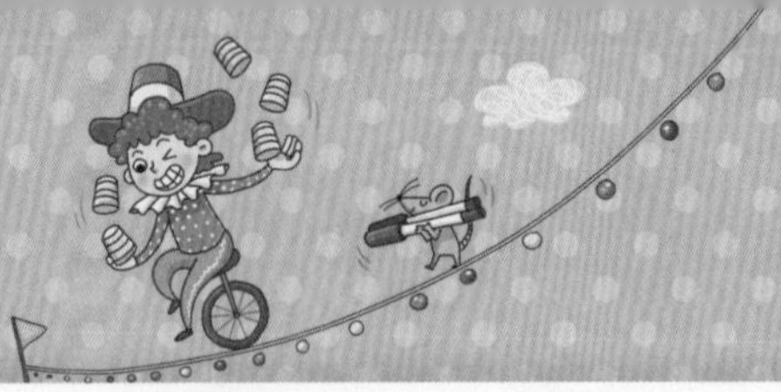

挑战升级！

❶ 如下图所示，增加棋子的数量，然后依照相同的游戏规则移动棋子，使其交换位置。可以用棋子在真正的围棋盘上进行游戏，也可以将移动步骤画在下面的方格中。（答案请参阅第 242 页）

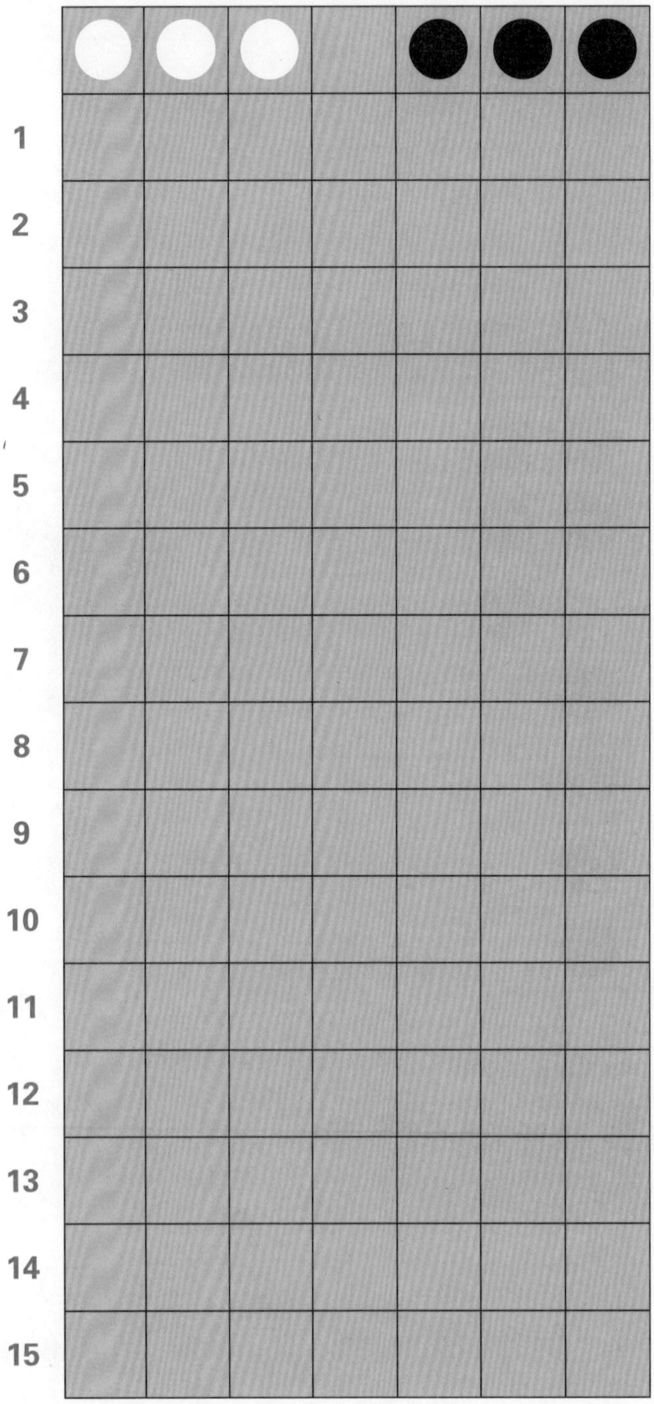
1
2
3
4
5
6
7
8
9
10
11
12
13
14
15

Special page

按照规则层层堆叠的
汉诺塔

有一个游戏与文中的黑白棋子互换游戏非常相似，那就是汉诺塔游戏。

什么是汉诺塔（Towers of Hanoi）？

汉诺塔是源于印度一个古老传说的益智玩具。汉诺塔问题是法国数学家爱德华·卢卡斯（Edouard Lucas）于 1883 年提出的，他借此来说明数学上的递归关系（Recurrence Relation）。

汉诺塔由三根柱子与可以插入柱子中的数个圆盘组成。先按照由大到小的顺序将圆盘依次插入其中一根柱子上，然后再试着将这些圆盘移动到另一根柱子上。移动时，必须遵守以下两个规则。

规则 1：一次只能移动一个圆盘。
规则 2：大圆盘不能在小圆盘上方。

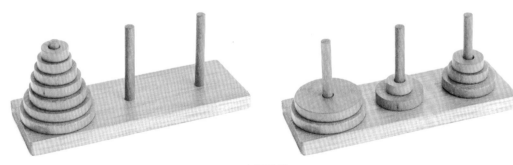

▲汉诺塔

一起来试试玩汉诺塔游戏吧！记住，要用最少的移动次数来完成游戏。

圆盘的数量增多，移动的次数也会随之增多。因此，请先从三四个圆盘开始挑战，等熟练规则后再逐渐增加难度吧！

彩绘四色地图

这是用四种颜色的蜡笔为地图涂色的游戏。注意，相邻的区域必须使用不同的颜色。

游戏引导

难度：★★☆
所需时间：20分钟
游戏成员：1人以上
准备物品：蜡笔、图卡5

游戏说明

⭐ **游戏目标**

按照规则给地图涂色。

⭐ **游戏约定**

在遵守规则的情况下，必须让使用的颜色数量最少。

游戏学习重点

顺序思考与逻辑思考（Sequential and Logical Thinking）

用最少的颜色为地图涂色，且相邻的区域必须使用不同的颜色。这个游戏可以培养小朋友的顺序思考与逻辑思考能力。

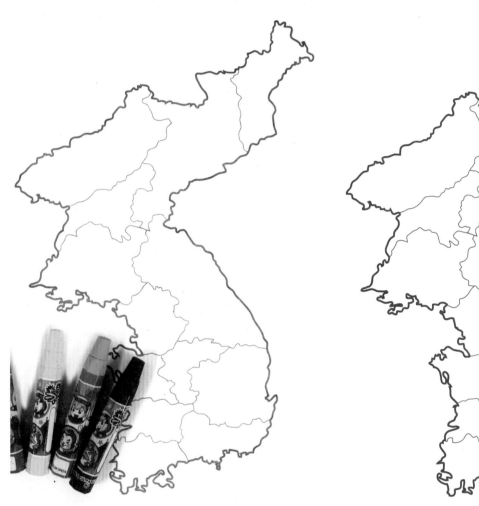

❶ 准备好彩色蜡笔和空白地图（图卡5）。

❷ 用蜡笔分别给各个区域涂色，紧邻在一起的区域必须使用不同的颜色。

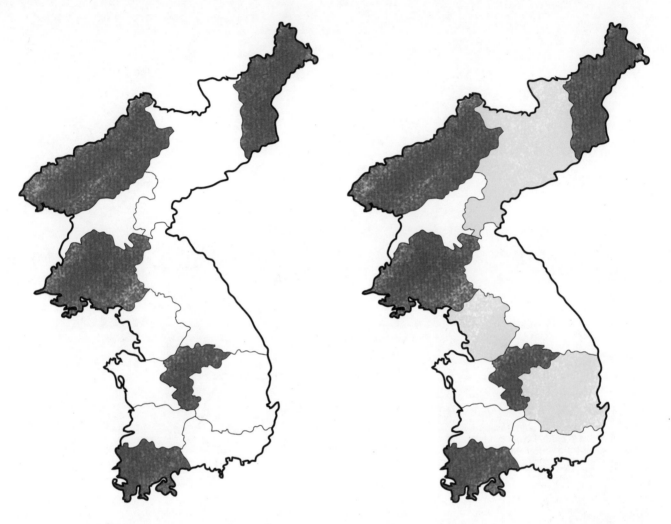

③ 先用红色蜡笔涂色。因为需要让颜色最少化，所以先将没有连在一起的区域都涂成红色。

④ 接着用黄色蜡笔涂色。规则与使用红色蜡笔时一样。

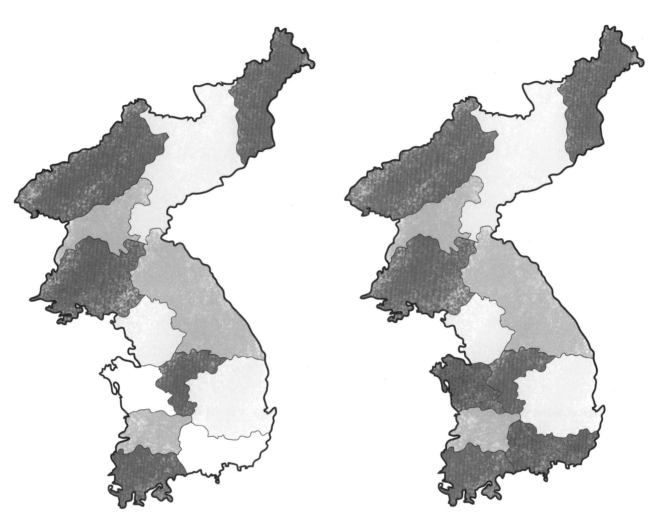

❺ 使用绿色蜡笔涂色。

❻ 最后剩下的区域使用紫色蜡笔涂色！这样只用4种颜色的蜡笔就能完成全部区域的涂色任务。

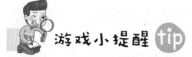 游戏小提醒 tip

可以挑选自己喜欢的颜色给地图涂色，也可以根据个人喜好选用蜡笔或彩色铅笔。最好跟朋友一起玩这个游戏，然后互相比较一下各自的作品。

加上思考力

给非洲地图涂色需要几种颜色？请试着用最少的颜色为非洲地图涂色。

1 按照规则给非洲地图涂色，完成后看看究竟使用了几种颜色。

2 有可能只使用四种颜色吗？请确认一下。

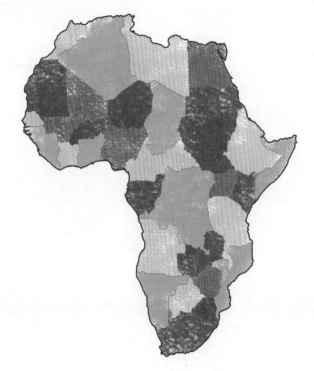

只要四种颜色就能搞定的 "四色定理"

为了区分世界地图上的各个国家，需要将紧邻在一起的国家分别涂上不同的颜色，那么最少需要几种颜色呢？

许多人都曾提出过这个疑问。1976 年，美国伊利诺伊大学数学系的研究团队（沃夫冈·哈肯、肯尼斯·阿佩尔、约翰·科赫）利用放电法（The Discharging Method），经过计算机高速运算 1200 小时后，终于完成了"四色定理"（Four Color Theorem）的证明，即任何一张地图只需要四种颜色，就能完成涂色。

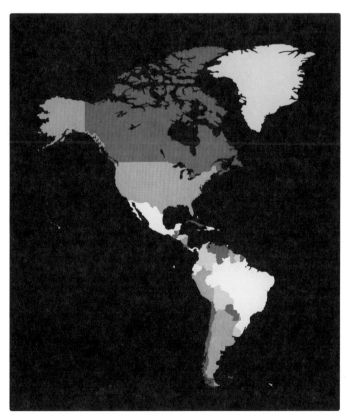

▲ 用四种颜色涂色的美洲地图

各位在为前面的两幅地图涂色时，是不是只用四种颜色就完成了呢？这就是利用了"四色定理"。

独家美味三明治

利用家中的各种食材，制作几块美味的三明治吧！不过在做之前，需要先思考一下制作的步骤哦！

难度：★★☆
所需时间：30分钟
游戏成员：1人以上
准备物品：吐司、奶酪、卷心菜丝、西红柿、火腿、三明治酱料

游戏说明

★ **游戏目标**

想一想美味三明治的制作方法，然后按照步骤做出来。

★ **游戏约定**

年龄太小的孩子使用刀子时，请由父母协助或使用塑料刀。

游戏学习重点

算法（Algorithm）

这是一个使用各种食材制作美味三明治的游戏。要想做好三明治，必须先思考制作的步骤和食材的摆放顺序，然后按照步骤制作。对解决问题的方法和执行步骤准确而完整的描述，就是"算法"。

① 准备好制作三明治的食材。

② 将三明治酱料涂抹在吐司上。

③ 在酱料上摆放卷心菜丝、奶酪与火腿。

④ 将西红柿切片，然后放在火腿上。

⑤ 将所有食材放上去后，再盖上一片吐司，然后用手压实。

⑥ 将吐司对半切开，放入盘中。

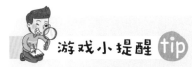

游戏小提醒 tip

可根据个人喜好，选择制作三明治的食材，也可以直接选用家中现成的食材。

美味创意！使用其他食材，制作出不同口味的三明治。

① 替换面包的种类和三明治中的食材，试着做做看吧。

② 改换食材，也可以做出可口的三明治吗？ 做完后尝一尝吧！

Special page

煮出美味方便面的"算法"

　　前面我们玩了制作三明治的游戏。该游戏的目的是通过制作三明治来模拟解决问题的步骤与方法。在程序设计中,解决某一个问题的步骤或方法被称作"算法"。

　　同样,煮方便面或制作折纸的方法也可以被称作"算法"。采用不同的方法解决相同的问题,结果有可能更好,也有可能更糟。由于算法各有不同,因此找出高效的算法就成为非常重要的一件事。

煮出美味方便面的方法:

❶ 锅中装水煮沸。煮水期间将大葱切成小段,泡菜切成小块。

❷ 将方便面的面饼、酱料和泡菜放入锅中煮 3 分钟。

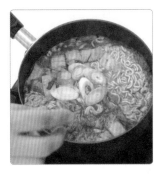

❸ 面条煮熟后放入葱段,然后关火。

千变万化的七巧板

七巧板由7块板子组成，可以任意移动拼合。虽然只有7块板子，但采用不同的方法，就能组合出许多不同的形状。

游戏引导

难度：★★☆

所需时间：30分钟

游戏成员：1人以上

准备物品：七巧板、图卡6

游戏说明

★ **游戏目标**

找出拼合不同形状的方法，并拼出多种形状。

★ **游戏约定**

七巧板可以变出许多花样，发挥想象力，自由拼合吧！

游戏学习重点

算法（Algorithm）

用七巧板可以拼出人物、动物、植物等各种形状。拼图时，7块板子必须全部用上，绝不能漏掉任何一块。用七巧板到底能拼出多少种不同的形状呢？现在我们就来找一找拼出各种图形的方法，体验一下算法思维吧！

① 准备一副七巧板，或将七巧板游戏卡（图卡6）剪下来使用。

② 请按照自己的想法自由拼合，看一看会出现什么形状。

③ 这是一个烛台的形状，请你也跟着一起拼拼看吧！

④ 这次试着拼一只可爱的狐狸吧！

5 你知道上面的形状是怎么拼出来的吗？自己
   试着拼一下吧！

6 这个形状像什么呢？虽然有些难度，但自己
   试着拼拼看吧！全部拼完后，可以翻到图卡
   6 核对正确答案。

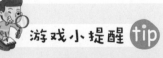

游戏小提醒 tip

　　只用 7 块板子就能拼出各种形状，真的很棒！孩子们既可以根据参考图形拼摆七巧板，也可
以发挥想象力自由拼摆。这样玩七巧板，能够有效锻炼孩子的空间想象力和逻辑思考能力。

历史悠久且广受欢迎的七巧板

Special page

七巧板由 7 块板组成，是一种古老的中国传统智力玩具。世界各地也都有类似的拼图玩具。最早的七巧板是从宋代的燕几图演变而来的。燕几是招待客人用的案几，由北宋时期的进士黄伯思设计。他先设计出六件长方形案几，可根据宴会宾客的多寡拼出合适的形状，随后又增加一件小几，七件案几全拼在一起，会组成一个大长方形，分开组合可变幻无穷，是不是很有趣呢？日本和韩国也在很早就出现了七巧板，韩国学中央研究院藏书阁藏有一本记载着七巧板游戏方法的古书《七巧解》。这本书收录了用七巧板拼出的 300 多种图形，说明这种游戏在很久以前就大受欢迎。

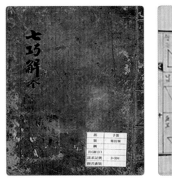
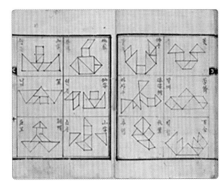

▲ 画有七巧板游戏方法的古书《七巧解》

除了七巧板外，还有 5 块板、10 块板等各种拼图玩具。它们的外形不仅有正方形，还有心形、三角形等。

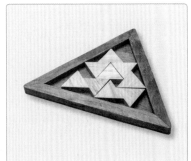

▲ 其他样式的拼图玩具

为故事添加灵魂

假如你是一位儿童文学作家，你想创作出什么样的动人故事呢？在故事框架中加入自己的创意，会让故事变得更加生动有趣！

难度：★★☆
所需时间：20分钟
游戏成员：2人以上
准备物品：铅笔、图卡7

游戏说明

★ **游戏目标**

认真阅读故事框架，然后根据条件创作出有趣的故事。

★ **游戏约定**

和朋友相互分享各自创作的故事。

游戏学习重点

抽象思考（Abstract Thinking）

首先根据给定的条件，在空格中填入适当的词语，完成故事创作。然后，将朋友创作的故事与自己的故事相比较，思考一下哪些地方相同，哪些地方不同。在最初的故事框架中加入自己的想法，可以锻炼孩子的抽象思考能力。

不插电！神奇的编程游戏

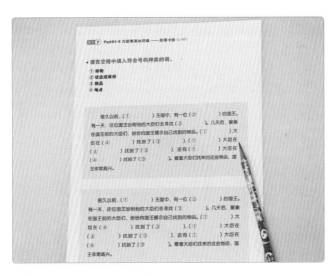

❶ 准备好铅笔和故事卡纸（图卡 7）。

❷ 认真阅读故事框架，然后根据条件在空格中填入适当的词语。

❸ 与朋友或家人交换阅读各自创作的故事。

❹ 思考一下，自己创作的故事与其他人创作的故事有哪些不同。

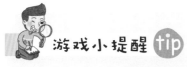

游戏小提醒 tip

这个游戏更适合与兄弟姐妹或朋友一起玩。大家创作完成后，轮流阅读各自创作的故事，这样可以在相互分享中获得更多的乐趣。

帮妈妈准备早餐

想当妈妈的小帮手吗？那就从准备早餐开始吧！准备一顿丰富的早餐，要怎么做呢？该从哪里开始呢？仔细想一想，然后开始准备吧！

难度：★★☆
所需时间：20分钟
游戏成员：1人以上
准备物品：一次性纸盘、图卡8

 游戏说明

★ **游戏目标**

将大问题拆分成小问题，然后逐一解决。

★ **游戏约定**

仔细思考制作食物的过程并拍照。

 游戏学习重点

问题拆解（Decomposition）

帮妈妈准备早餐是一个既简单又贴近生活的游戏。一顿早餐看似简单，却包括做主食、炖汤、炒菜等多个环节，应该如何准备呢？为了解决早餐这个大问题，可以将它拆分为做主食、炖汤、炒菜等小问题，然后再逐个解决。小朋友可以通过这样的游戏学习如何拆解问题。

① 准备好几个一次性纸盘和早餐步骤图（图卡 8）。好，现在就开始准备早餐吧！

② 剪下图卡上的图片。

③ 先将做早餐拆分为做主食、炖汤、炒菜三大项，并分别将与之相关的图片收集起来，放在不同的盘中。

④ 为了顺利完成这三项早餐工作，必须再分别将其拆分成更小的执行细项，并将相关的图片放到不同的盘中。例如可以将做主食拆分为蒸米饭和烙鸡蛋饼，将炒菜拆分为炒肉和炒西葫芦。

⑤ 仔细观察盘中的图片，然后试着按照先后顺序进行排列整理。

⑥ 将图片排列整理好后，我们就完成了一顿美味的早餐。这时就可以请大家一起来"享用"啦!

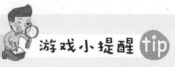 游戏小提醒 tip

　　在父母的帮助下，孩子也可以不用图片模拟，而是直接动手用食材准备一桌丰盛的佳肴。父母可以将该做的事情告诉孩子，让他试着自己安排顺序，或者和他一起将问题拆分成小项，然后逐一解决。这样不仅能让孩子学习拆解问题的方法，而且还能留下家人共同的美好回忆呢!

化繁为简的问题拆解法

在学校里，我们肯定会遇到比较困难或复杂的问题。这时候，与其独自苦恼，何不召集朋友来共同解决呢？

什么是问题拆解？

问题拆解就是将一个复杂的大问题拆分成多个简单的小问题，然后逐个解决。例如在课堂上，老师要求大家画出和自己身体一样大的人体图，这时你要怎么做呢？想要整个画出和我们身体大小相仿的图，当然不是一件容易的事情。不过，如果将人的身体拆分成头、手臂、躯干、大腿、小腿、脚等部位，分别画好后再拼合到一起，是不是会容易很多呢？这样的话，问题是不是比较容易解决了呢？

学会拆分问题，我们就可以更轻松地解决生活中遇到的很多难题。因此，如果以后再遇到复杂的问题，可以先试着将其拆解成一个个简单的小问题，然后再逐个解决，这样肯定会简单得多。

▲ "画出我们的身体"课堂现场

排列成队的蚯蚓

你见过从泥土中钻出的蚯蚓吗？试着将毛线穿过密密麻麻的小洞，做成钻出泥土的蚯蚓吧！注意，制作的时候要依据一定的模式，快试试看吧！

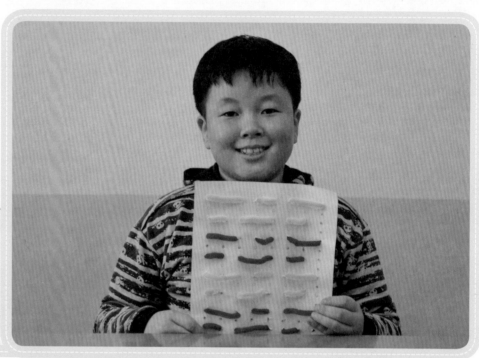

游戏引导

难度：★★☆
所需时间：20分钟
游戏成员：1人以上
准备物品：毛线（或扭扭棒）、打孔纸

游戏说明

★ **游戏目标**
按照一定的规则或模式解决问题。

★ **游戏约定**
为了不让毛线脱落，必须要在纸的背面打结。

游戏学习重点

模式识别（Pattern Recognition）

这个游戏是将毛线依次穿过有洞的纸张，做成蚯蚓出土的样子。制作时，需要依照一定的模式。还记得前面已经学过的"模式"吗？就是要重复一定的样式或规则。现在就利用毛线来制作出弯弯曲曲的蚯蚓吧！

不插电！神奇的编程游戏

① 准备打孔纸和毛线（或扭扭棒）。倘若没有打孔纸，也可以在白纸上穿一些孔。

② 将毛线穿入孔中。

③ 想好模式，然后根据模式制作出排队的蚯蚓。

④ 完成后，拿着自己的作品拍照留念吧！

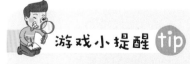

游戏小提醒 tip

刚开始练习时，可以随心所欲地将毛线穿过各个小孔。等熟练后，再将毛线按照一定的规律（模式）穿入孔中。

为蚯蚓分组！请仔细观察，找出相同模式的蚯蚓。

① 用不同颜色的毛线做出各式各样的蚯蚓。

② 让朋友找一找，看他能否找出相同模式的蚯蚓。

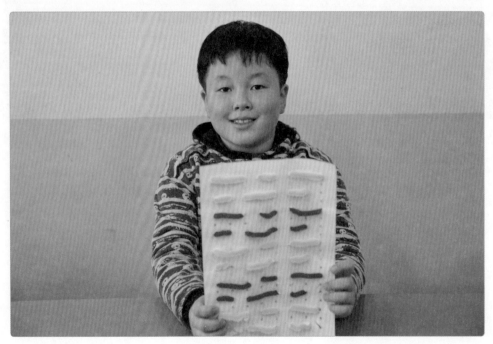

Special page

编织美丽艺术品的设计模式

你穿过妈妈手织的毛衣吗？你欣赏过漂亮的毛毯或刺绣图案吗？

设计师在设计坐垫饰品或利用毛线勾织衣服时，都必须先设计出一套具有固定规律的花纹模式，这样完成的作品才会漂亮。也就是说，设计师会通过一些固定的、富有规律的图案来进行设计。

这种使用一定规则图案的设计就被称作"设计模式"（Design Pattern）。例如引领世界时尚潮流的费尔岛针织样式，就是源自苏格兰北方设得兰群岛（Shetland）的费尔岛（Fair Isle）编织图案，其花纹规律典雅，却又充满美丽多变的冬季气息。

只要在生活中多加留意，平时多观察身边美丽的事物，你也可以创作出自己喜欢的花纹样式。

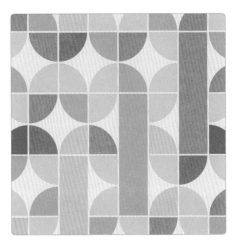

▲ 用设计模式创作出来的作品

▲ 抱枕设计作品

猜猜巧克力在哪里？

想要吃巧克力吗？那就动动脑筋，找出藏在杯子里的巧克力吧！想一想，怎样才能快速找出巧克力呢？

难度：★ ★ ★
所需时间：20分钟
游戏成员：1人以上
准备物品：6个不透明杯子、巧克力

 游戏说明

★ **游戏目标**

找出藏在杯子里的巧克力。

★ **游戏约定**

请想想看，怎样做才能快速找到巧克力呢？

 游戏学习重点

搜索（Search）

　　这个游戏的目标是找出藏在杯子里的巧克力。怎样才能快速找到巧克力呢？自己试着想一想吧！和我们寻找隐藏的巧克力一样，计算机搜索数据也需要使用某些方法。计算机用来搜索数据的方法被称作"搜索算法"（Search Algorithm）。计算机能从数百万条数据中快速找到用户需要的数据，就是因为使用了"搜索算法"。

① 准备6个颜色和形状完全相同的不透明杯子以及一块巧克力，并给杯子贴上序号。

② 闭上眼睛，让爸爸妈妈或朋友将巧克力偷偷藏在一个杯子里。

③ 该怎么找出巧克力呢？最直接的方法是按照从左往右或从右往左的顺序依次打开查看。这种方法无须考虑杯子的序号。

④ 原来巧克力在第4个杯子里啊！只要掀开杯子4次就找到巧克力了。

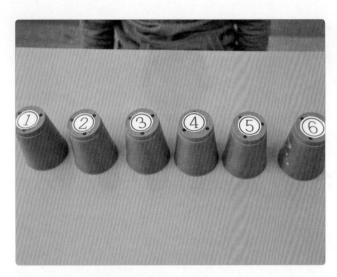

5 这次请试着用其他方法找出巧克力。请先将杯子按照序号排好。

6 先将6个杯子对半分开，然后请藏巧克力的人说出藏有巧克力的杯子的序号是偏大还是偏小。这时我们就能将范围缩小为3个杯子，然后再从这3个杯子中寻找。这样可以更加快速地找出巧克力。

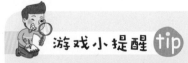

玩游戏时，请先让孩子独立思考找出巧克力的方法。可以从两端开始寻找，也可以从中间开始寻找，让他自己判断哪一种方法更好。培养孩子独立思考的习惯是很重要的哦！

Special page

通过找书来学习 排序与搜索

你曾经去图书馆或书店找过图书吗？图书馆或书店中的书籍一般都是按照图书分类法来排列整理的。图书分类法是按照一定的规则制定的综合性分类方法，因此我们可以根据规则，快速找到自己想要的图书。

倘若图书没有按照规则排列，而是杂乱无章地堆在一起，你还能轻易地找到想要的书籍吗？当然不能啦。那么如果想要快速找到需要的书籍，我们应该怎么做呢？

最直接的办法就是按照图书的放置顺序一本一本地找。如果图书不多，且想找的书排在前面，那么就有机会很快找到；但如果图书很多，或者想找的书的位置比较靠后，那么可能花一整天也找不到哦！

因此，对于图书馆和书店来说，将图书按照一定的规则进行排列整理十分必要。这种排列整理的行为就是"排序"。图书经过排序之后，就会很容易被找到。例如，将图书标上号码，然后按照号码从小到大排列，那么只要知道自己想找的图书的号码，就可以快速锁定它的位置。

在前面寻找巧克力的游戏中，我们采用的对半分开后再寻找的方法，在程序设计中被称作"二分法检索"（Binary Search）。现在就请各位试着自己制定搜寻方法吧！

吸管比高低

先将长度各异的吸管随意摆放，然后依照一定的规则和方法，将吸管由高到低进行排列。

难度：★★★
所需时间：20分钟
游戏成员：1人以上
准备物品：6支长度
各异的吸管、6块橡
皮泥、图卡9

游戏说明

★ 游戏目标

按照一定的规则或方法排列顺序。

★ 游戏约定

严格按照规则移动吸管。

游戏学习重点

排序（Sort）

　　这是将吸管按照从高到低的顺序进行排列的游戏。根据制定的规则，将数据按某种顺序排列的操作就叫作"排序"。你想过都有哪些排序方法吗？没想过？那么请试着用书中的方法来为吸管排序吧！

不插电！神奇的编程游戏

① 准备好排序板（图卡9）、6支长度各异的吸管和6块橡皮泥。

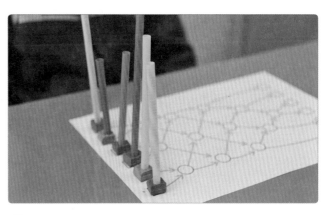

② 将6支吸管随意放入排序板的第一列。请想一想，怎么才能让吸管按照高度进行排序呢？

③ 将相邻的两支吸管分为一组，并移到下一列。然后比较每组吸管的高度，较低的吸管往右移动，较高的吸管往左移动！

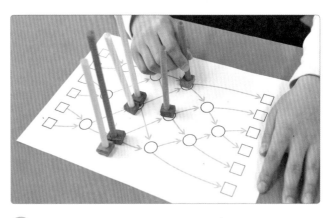

④ 按照上面的规则继续移动吸管。

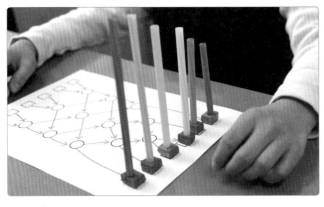

⑤ 最后，吸管就会按照高度依序排列。

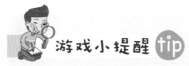
游戏小提醒 tip

玩这个游戏时，不要直接根据吸管的高度进行排序，而是要按照游戏的规则和步骤，一步一步地完成排序。在玩游戏的过程中，认真思考一下这种排序方法的原理。

比比谁更矮！这次还是按照高度排序，但却与前面的排列顺序正好相反。

1 该怎么改变规则，才能将吸管的排序反过来呢？请认真思考一下。

2 将相邻的两支吸管分为一组，并移到下一列。然后比较每组吸管的高度，较低的吸管往左移动，较高的吸管往右移动！这样是不是就可以了呢？

Special page

与朋友一起玩超有趣的
排序游戏

　　利用吸管进行的排序游戏很有趣吧？现在不妨与朋友们一起活动一下身体，把自己当作吸管，在操场上玩一玩排序游戏吧！另外，如果遇到需要按身高排队的场合，我们也可以按照前面的排序规则来操作。

　　方法与前面的游戏方法相同。大家先不用考虑身高，随意站成一排。相邻的两名同学分别往前走一步，然后比较身高。较高的同学往右移动，较矮的同学往左移动。其他同学也按此方法前进并比较身高，个子高的同学往右移动，个子矮的同学往左移动。按照此方法继续比较，最后大家自然就会按照身高依次排列了。完成后，可以用相反的规则再试一次。

　　千万不要为谁高谁低争论不休。大家只需按照规则安静地玩玩游戏，就能按照高低顺序排好队了。很有趣吧！

Part 01 培养创意思考力的不插电游戏 **65**

Part 02

培养计算思维能力的不插电游戏

游戏材料

❶ 用数字画画

普通铅笔、彩色铅笔

❷ 制作秘密信件

信纸、铅笔

❸ 用围棋子画像素画

围棋盘、围棋子

❹ 指挥机器人前进

图卡 10

❺ 精简指令的机器人游戏

图卡 10、图卡 11

❻ 会做选择的机器人

图卡 11

用数字画画

你曾仔细观察过电视机或计算机的屏幕吗？它们的屏幕上布满了密密麻麻的小方格，将这些方格连接起来，就形成了影像。一起来了解一下吧！

难度：★★☆
所需时间：20分钟
游戏成员：1人以上
准备物品：普通铅笔、
彩色铅笔

 游戏说明

★ **游戏目标**

   通过给 0 和 1 的数字格涂色来绘制图案。

★ **游戏约定**

   用普通铅笔或彩色铅笔在方格中涂色。

 游戏学习重点

图像显示（Image Display）

   先按照事先设定的规则，在方格纸上写下 0 和 1，然后分别涂上相应的颜色，就能画出一幅图画。这个游戏旨在模拟计算机显示图像的方式。我们常说的"像素"（Pixel），是构成图像的最小基本单元。如果把图像看成是由许多小方格构成的话，那么每个小方格就是一个像素。

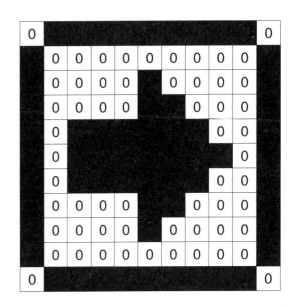

不插电！神奇的编程游戏

1 如图所示，在方格纸上写下 0 和 1。

0	1	1	1	1	1	1	1	1	1	0
1	0	0	0	0	0	0	0	0	0	1
1	0	0	0	0	1	0	0	0	0	1
1	0	0	0	0	1	1	0	0	0	1
1	0	1	1	1	1	1	1	0	0	1
1	0	1	1	1	1	1	1	1	0	1
1	0	1	1	1	1	1	1	0	0	1
1	0	0	0	0	1	1	0	0	0	1
1	0	0	0	0	1	0	0	0	0	1
1	0	0	0	0	0	0	0	0	0	1
0	1	1	1	1	1	1	1	1	1	0

2 用铅笔把写有 1 的方格涂成黑色。会出现什么图案呢？原来是一个箭头符号啊！

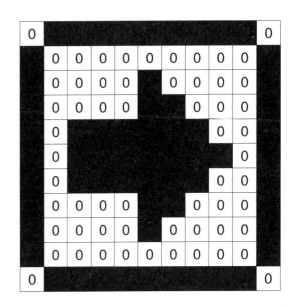

3 将前面的箭头符号缩小。若还看不出来，则距离远一点即可。现在可以看出来这是一个箭头符号了吧？

④ 这是稍微复杂一点儿的图案。同样是将写有1的方格涂成黑色，这次会出现什么图案呢？

0	0	0	0	0	0	0	0	0	0	0	0	0	0	0	0	0	0	0	0
0	0	0	0	0	0	0	0	1	1	1	0	0	1	1	1	1	0	0	0
0	0	0	0	0	0	0	1	0	0	0	1	0	1	0	0	1	0	0	0
0	0	0	0	0	0	0	1	0	0	0	1	0	1	0	0	1	0	0	0
0	0	0	0	0	0	1	0	1	1	1	0	1	1	0	0	1	0	0	0
0	0	0	0	0	1	0	0	0	0	0	0	0	1	0	0	1	0	0	0
0	0	0	0	1	0	0	0	0	0	0	0	0	1	0	1	0	0	0	0
0	0	0	1	0	0	0	0	0	0	0	0	0	0	1	1	0	0	0	0
0	0	1	0	0	0	0	0	0	0	0	0	0	0	0	1	0	0	0	0
0	1	0	0	0	0	0	0	0	0	0	0	0	0	0	0	0	1	0	0
0	1	0	0	0	0	0	0	0	0	0	0	0	0	0	0	0	1	0	0
0	0	1	0	0	0	0	0	0	0	0	0	0	0	0	0	0	1	0	0
0	0	1	0	0	0	0	1	1	1	1	0	0	0	0	0	0	1	0	0
0	0	1	0	0	0	0	1	0	0	1	0	0	0	0	0	0	1	0	0
0	0	1	0	0	0	0	1	0	0	1	0	0	0	0	0	0	1	0	0
0	0	1	0	0	0	0	1	0	0	1	0	0	0	0	0	0	1	0	0
0	0	1	0	0	0	0	1	0	0	1	0	0	0	0	0	0	1	0	0
0	0	1	1	1	1	1	1	1	1	1	1	1	1	1	1	1	1	0	0
0	0	0	0	0	0	0	0	0	0	0	0	0	0	0	0	0	0	0	0

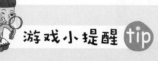 游戏小提醒 tip

　　用铅笔一格一格涂色是不是有点儿辛苦呢？那么就用笔头粗一点儿的记号笔来涂吧！涂色时要注意，别把墨水沾到手上哦！

当代表颜色的数字变多时，图案又会变成怎样呢？

1 0 和 1 只能表示白黑两色。如果再加入黄色、蓝色和绿色，会变成怎样呢？

数字	0	1	2	3	4
颜色	白色	黑色	黄色	蓝色	绿色

2 现在就开始涂色吧！这次究竟会出现什么图案呢？

3	3	3	3	3	3	3	3	3	3	3	3	3	3	3	3	3
3	3	3	3	3	3	3	1	1	1	1	1	3	3	3	3	3
3	3	3	3	3	3	1	1	1	1	1	1	1	3	3	3	3
3	3	3	3	3	1	1	1	1	1	1	1	1	1	3	3	3
3	3	3	3	1	1	0	0	1	1	1	0	0	1	1	3	3
3	3	3	1	1	0	0	0	0	0	0	0	0	1	1	3	3
3	3	3	1	1	0	0	1	0	0	0	1	0	0	1	1	3
3	3	3	1	1	0	0	0	0	0	0	0	0	1	1	3	3
3	3	3	1	1	1	0	0	2	2	2	0	0	0	1	1	3
3	3	3	3	1	1	1	2	2	2	2	2	1	1	3	3	3
3	3	3	3	3	1	1	2	2	2	2	2	1	1	3	3	3
3	3	3	3	1	1	1	1	1	1	1	1	1	1	3	3	3
3	3	3	3	1	1	1	1	1	1	1	1	1	1	3	3	3
3	3	3	1	1	1	0	0	0	0	0	1	1	1	3	3	3
3	3	1	1	1	0	0	0	0	0	0	0	1	1	1	1	3
3	3	1	1	1	0	0	0	0	0	0	0	0	1	1	1	3
3	3	1	3	1	2	0	0	2	0	2	0	0	2	1	3	1	3
3	3	3	3	1	2	2	2	2	0	2	2	2	1	3	3	3
3	3	3	3	1	2	2	2	2	0	2	2	2	1	3	3	3
3	3	3	3	1	1	2	2	1	1	1	2	2	1	3	3	3
4	4	4	4	4	4	4	4	4	4	4	4	4	4	4	4	4
4	4	4	4	4	4	4	4	4	4	4	4	4	4	4	4	4

③ 将自己绘制的图案，与下面的答案比较一下吧！

3	3	3	3	3	3	3	3	3	3	3	3	3	3	3	3	3	3	3	3
3	3	3	3	3	3	3							3	3	3	3	3	3	3
3	3	3	3	3	3									3	3	3	3	3	3
3	3	3	3	3										3	3	3	3	3	3
3	3	3	3			0	0					0	0				3	3	3
3	3	3		0	0	0	0	0	0	0	0	0	0				3	3	3
3	3	3		0	0		0	0	0		0	0					3	3	3
3	3	3		0	0	0	0	0	0	0	0	0	0				3	3	3
3	3	3			0	0	2	2	2	0	0	0					3	3	3
3	3	3	3				2	2	2	2	2					3	3	3	3
3	3	3	3	3				2	2	2					3	3	3	3	3
3	3	3	3	3										3	3	3	3	3	3
3	3	3	3											3	3	3	3	3	3
3	3	3				0	0	0	0	0						3	3	3	3
3	3			0	0	0	0	0	0	0	0						3	3	3
3	3		0	0	0	0	0	0	0	0	0	0					3	3	3
3	3	3		2	0	0	2	0	2	0	0	2			3		3	3	3
3	3	3	3		2	2	2	2	0	2	2	2	2			3	3	3	3
3	3	3	3		2	2	2	2	0	2	2	2	2			3	3	3	3
3	3	3	3			2	2				2	2				3	3	3	3
4	4	4	4	4	4	4	4	4	4	4	4	4	4	4	4	4	4	4	4
4	4	4	4	4	4	4	4	4	4	4	4	4	4	4	4	4	4	4	4

风格奇特的点彩画

你听说过点彩画吗？点彩画是由法国知名画家乔治·修拉创造的一种绘画技法，他开创的画派被称为"点彩派"（Pointillism）。点彩画远远看上去是一幅图画，但是如果在近处仔细观察，就会发现它是由各种颜色的点相互堆叠而成的。

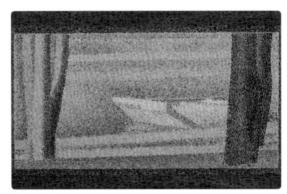

▲ 乔治·修拉的作品

计算机屏幕的画面或各种印刷品，就是利用了这种点彩画的原理。事实上，屏幕画面是由红色（Red）、绿色（Green）、蓝色（Blue）三原色的色光相互叠加而成的，而印刷品则是通过青色（Cyan）、品红色（Magenta）、黄色（Yellow）和黑色（Black）这四种印刷色混合叠加而成的。

制作秘密信件

将普通信件按照某种规则进行缩减，就能制作出一封神秘的压缩信件。压缩信件是专属于写信人和收信人两个人的秘密信件。一起来试试看吧！

难度：★★★
所需时间：30分钟
游戏成员：1人以上
准备物品：信纸、铅笔

 游戏说明

★ **游戏目标**

了解文件压缩的原理。

★ **游戏约定**

不要缩减只出现一次的词。

  游戏学习重点

压缩（Compression）

将普通信件中经常出现的词按照一定的规则缩减，这样普通信件就会变成只有写信人和收信人才能看懂的秘密信件了。我们在计算机中存储文件时，为了节省存储空间，也会先将文件压缩。压缩后的文件占用的空间更少，发送起来也更快捷。这个游戏可以帮助我们理解文件压缩的原理。

不插电！神奇的编程游戏

飞机

起飞 起飞 飞机 我的飞机
好高 好高 飞啊 我的飞机

心爱的飞机 飞啊 飞啊
飞快地 飞啊 我的飞机

飞机

<u>起飞</u> 起飞 飞机 <u>我的</u>飞机
<u>好高</u> 好高 <u>飞啊</u> 我的飞机

心爱的飞机 飞啊 飞啊
飞快地 飞啊 我的飞机

1 这是一首儿歌的歌词。将歌词当成一封信件，然后一起来压缩一下吧。

2 找出重复出现的词，并在下方画线。

飞机⁽¹⁾

<u>起飞</u>⁽²⁾起飞 飞机 <u>我的</u>⁽³⁾飞机
<u>好高</u>⁽⁴⁾好高 <u>飞啊</u>⁽⁵⁾我的飞机

心爱的飞机 飞啊 飞啊
飞快地 飞啊 我的飞机

飞机⁽¹⁾

<u>起飞</u>⁽²⁾ [2] [1] <u>我的</u>⁽³⁾ [1]
<u>好高</u>⁽⁴⁾ [4] <u>飞啊</u>⁽⁵⁾ [3] [1]

心爱的 [1] [5] [5]
飞快地 [5] [3] [1]

3 将出现一次以上的词依照出现的顺序标上序号。

4 将第一次出现的词留下来，之后重复出现的词则用方框表示，然后在方框内写出上一步设定好的序号。举例来说，在表示"飞机"一词的框中标上（1）。

飞机⁽¹⁾

起飞⁽²⁾ (2) (1) 我的⁽³⁾ (1)
好高⁽⁴⁾ (4) 飞啊⁽⁵⁾ (3) (1)

心爱的 (1) (5) (5)
飞快地 (5) (3) (1)

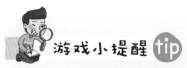

游戏小提醒 tip

在挑选字词时，可以使用便利贴辅助。将便利贴贴在重复出现的字词上，并在上面写上相应的数字。之后将余下的词和便利贴上的数字誊写下来，一份压缩信件就大功告成了！

5 将下划线与空格擦掉，就完成压缩信件了。看起来内容被缩减了很多哦！现在，就请各位亲自给朋友写一封压缩信件吧。

我们只需将上一封信中的词替换一下，就能写出新的压缩信件。试试看吧！

1 将"飞机"替换成"小白兔"，将"起飞"替换成"跳啊"……请将它们换成意想不到的词，然后用替换后的词写信。

字词编号	原来的词	替换后的词
1	飞机	小白兔
2	起飞	跳啊
3	我的	可爱的
4	好高	好快啊
5	飞啊	蹦蹦跳跳

2 下面就是用替换后的词写出的压缩信件。你能看懂信件的内容吗？要想知道原始信件的内容，就要将里面的数字还原成文字。

小白兔[1]

跳啊[2] (2) (1) 可爱的[3] (1)
好快啊[4] (4) 蹦蹦跳跳[5] (3) (1)

心爱的 (1) (5) (5)
飞快地 (5) (3) (1)

3 请试着写一封只有你和收信人才能看懂的压缩信件吧！

 **Special page**

将文件缩小的方法：
压缩

　　为了节省计算机的存储空间，或者为了更快地将文件传送给别人，我们常常会对较大的文件进行压缩。这种计算机压缩文件的过程就被称为文件压缩。

　　压缩作为一个计算机术语，是指将计算机中的文件变小，或是将数个文件集合成一个文件。

ALZip

小巧易用的文件
压缩解压程序

Band Zip

免费的压缩解压程序

7-Zip

免费的压缩解压程序

WinZip

支持多种格式的
压缩解压程序

WinRAR

功能强大的压缩
解压程序

　　大家曾经见过 mp3、mpeg、jpg 等文件扩展名吗？这些文件扩展名分别是声音、影像、图片等依照压缩方法不同而产生的名称。

　　我们既可以对一个文件进行压缩，也可以将多个文件压缩成一个文件包。压缩后的文件所占用的存储空间会变小，因此在不同计算机之间传送会更加快捷。另外，压缩后的文件和压缩前在功用上没有太大差别，我们可以使用与压缩前相同的方法对压缩后的文件进行操作。

　　由于文件经过压缩之后，人们可以更加快速地发送或接收它们，因此这一方法在计算机操作中至关重要。

用围棋子画像素画

家里有围棋盘和围棋子吗？如果利用围棋子来画画，会有什么不一样的感觉吗？想不想体验一下呢？想的话，现在就赶快把围棋子拿出来吧！

难度：★★☆
所需时间：15分钟
游戏成员：1人以上
准备物品：围棋盘、围棋子

游戏说明

★ **游戏目标**

了解利用围棋盘和围棋子绘制图案的原理。

★ **游戏约定**

不要乱丢围棋子或把围棋子当玩具玩。

游戏学习重点

图像显示（Image Display）

利用黑白两色围棋子，可以拼出各种各样的图案。在这个游戏中，我们只需按照事先设定的规则摆放围棋子，就可以完成美丽的图案。通过这个游戏，小朋友可以进一步了解计算机显示器显示图像的原理。

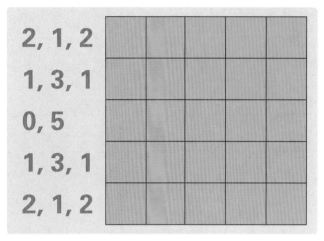

① 准备围棋盘和黑白两色棋子。如果没有围棋盘，也可以用画有格子的纸代替。

② 左侧的数字是摆放棋子的规则。从左至右，第一个数字表示白棋的数量，第二个数字表示黑棋的数量，第三个数字表示白棋的数量，以此类推。

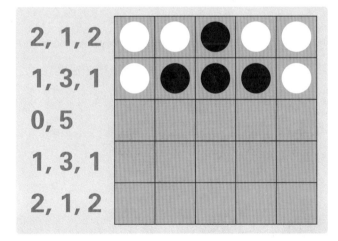

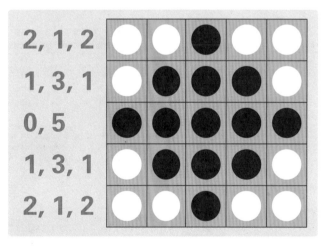

③ 依照规则，先将第一行的棋子摆好。首先放2颗白棋和1颗黑棋，然后再放2颗白棋。后面各行的方法相同。第一个数字若为0，则从黑棋开始。

④ 全都放好后，棋子就组成了一幅漂亮的图案！熟悉规则之后，请多尝试几次。

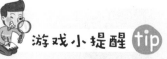
游戏小提醒 tip

若家里没有围棋子，则可以利用纽扣或积木。只要了解游戏规则，就能摆出各式各样的图案。

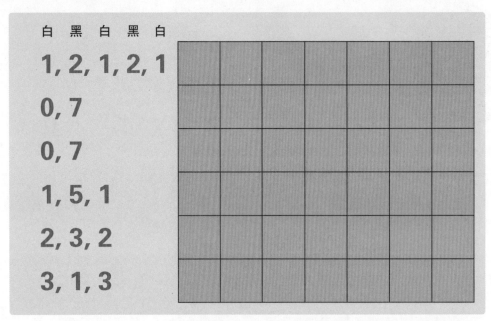

根据数字规则可以绘制出图案，根据图案也可以推算出数字规则。

1 按照左侧的数字规则摆放棋子，会出现什么图案呢？（答案请参阅第 242 页）

白 黑 白 黑 白

1, 2, 1, 2, 1

0, 7

0, 7

1, 5, 1

2, 3, 2

3, 1, 3

2 这些棋子已经按照数字规则摆好了。请试着通过图案推算出数字规则吧！（答案请参阅第 242 页）

白 黑 白 黑 白

0, 7

生活中无处不在的 "显像原理"

你曾经仔细观察过计算机的显示器吗？显示器中的影像是如何显示的呢？

像素

各位都听过 "像素"（ Pixel ）这个词吧？当我们要描述数码相机的性能，或计算机显示器、智能手机屏幕的清晰度时，就会用到像素这个词。那么像素究竟是什么呢？简单来说，像素就是组成画面的小方格。游戏中使用的围棋盘，是整个画面的大小，而放入棋子的位置，就是像素。一个小方格一种颜色，整体看上去就是一幅画了。

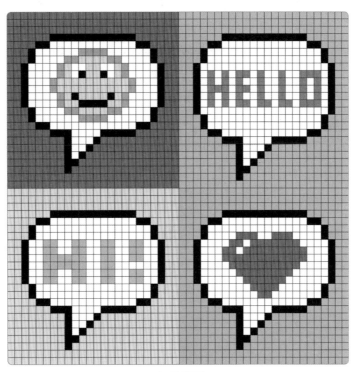

▲ 像素画

上面的图案就是通过在像素中加入颜色而完成的。生活中随处可见这种由像素概念创造出的图画，我们称之为 "像素画"。尤其在电子游戏或产品设计领域，经常会用到像素画。

SECTION 4

指挥机器人前进

虽然瓢虫机器人很乐意帮我们跑腿，但是它不知道该往哪个方向前进。现在就来下达指令，帮瓢虫机器人找到前进的方向吧！

难度：★☆☆
所需时间：20分钟
游戏成员：1人以上
准备物品：图卡10

 游戏说明

★ **游戏目标**

下达指令，帮机器人顺利抵达目的地。

★ **游戏约定**

· 剪纸时要格外小心，注意安全。
· 游戏结束后，请将指令卡片分类收好。

 游戏学习重点

顺序（Order）

这个游戏的任务是给机器人下达指令，帮它顺利抵达目的地。想要让机器人去做某件事情，我们必须要下达明确的指令。这个游戏可以培养孩子依照顺序解决问题的能力。

不插电！神奇的编程游戏

❶ 瓢虫机器人的目标是去面包店，但它只会依照指令行事，而且一次只能接受一个指令。那么该如何让瓢虫机器人到达面包店呢？

❷ 图卡 10 中有命令瓢虫机器人行动的指令卡片。请将它们剪下来使用。

前进一格　　　原地左转　　　原地右转
（与机器人同方向）

❸ 瓢虫机器人若要去面包店，则必须走几格呢？是 4 格吗？那么，就必须使用 4 张"前进一格"的指令卡片。

❹ 现在试着对瓢虫机器人下达指令。方法是将指令卡片由左向右按照顺序排列好。

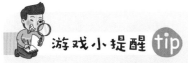

游戏小提醒 tip

　　"该往哪个方向走呢？"这个问题必须要以机器人为主体来进行思考。往右转或往左转，也必须要站在机器人的位置来想。注意，游戏中只有"前进一格"的指令卡片，而没有"后退一格"的指令卡片。另外，机器人前往目的地的路线有很多条，其中哪一条路线最佳，请各位好好思考一下。

5 现在瓢虫机器人要去水果店，这时需要搭配原地转向的指令卡片来完成任务。

6 仔细想一想，瓢虫机器人该怎么走到水果店呢？方法不止一种。例如：前进一格→前进一格→原地右转→前进一格→前进一格，这样就可以抵达了。

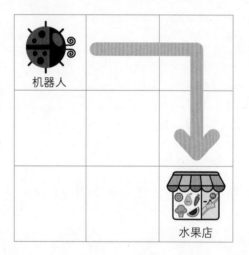

7 上面路线的指令卡片排列如下：

⑧ 瓢虫机器人还可以沿着下面的路线抵达水果店。

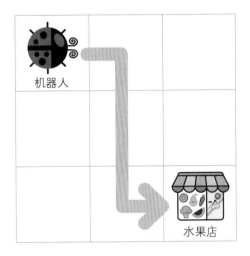

⑨ 这个路线的指令卡片排列如下：

⑩ 还有其他方法吗？请各位认真想想，然后用指令卡片摆出前进的路线吧。

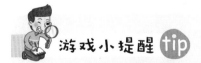 游戏小提醒 tip

目的地没有变化，但有的路线用了 5 张指令卡片，有的路线用了 6 张指令卡片，甚至更多，到底哪一种路线比较好呢？如果目标相同的话，哪条路线用的指令卡片越少，当然就越好啦。

加上思考力 ➕

如何解决机器人"后退"的问题？

1 瓢虫机器人来到面包店，买到美味的面包后，准备回家了。可它只会往前进，不会后退，该怎么办呢？

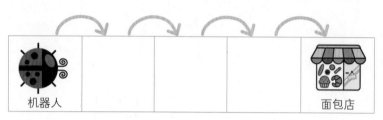

2 还记得瓢虫机器人可以原地左转或右转吗？请问原地转几次，它就能朝向后面呢？转2次吗？（选择左转或右转都可以。）

初始状态	原地右转 1 次	再右转 1 次

3 想想看，命令瓢虫机器人往返面包店的指令卡片该怎么摆放呢？请试着摆出来吧！瓢虫机器人抵达面包店买完面包后，右转2次就能面对原来出发的方向。这时就可以使用"前进一格"的指令卡片了，而且只要前进4次就能回到原来的位置啦。

Special page

与机器人一起玩游戏 ❶
启蒙机器人 Bee-Bot®

大家见过 Bee-Bot® 吗？它是一只可爱的蜜蜂机器人！Bee-Bot® 是一款帮助 3 岁以上的幼儿学习程序设计的机器人玩具。孩子玩 Bee-Bot® 时，可以独自设定目标，规划路线，从而锻炼自己的逻辑思考能力，并熟悉顺序、重复等程序设计的原理。

▲ 美国 STEM 科普玩具 Bee-Bot®

一个人就可以玩 Bee-Bot®，不过如果和朋友们一起玩，效果会更好。与朋友们一起设定目标，分别从不同的地方出发，各自寻找不同的路线；或是分成两队，看哪队能够更快地到达目的地。听起来很好玩吧？要不要试一试呢？

▲ Bee-Bot® 游戏活动

SECTION 5
精简指令的机器人游戏

瓢虫机器人要去面包店、水果店和海鲜店，最后还要回家。啊！这次要下达的指令实在是太复杂了。怎样才能把这些指令精简一下呢？

难度：★★☆
所需时间：20分钟
游戏成员：1人以上
准备物品：图卡10、
图卡11

 游戏说明

★ **游戏目标**

对重复的指令进行简化，并了解循环的概念。

★ **游戏约定**

· 剪纸时要格外小心，注意安全。

· 游戏结束后，请将指令卡片分类收好。

 游戏学习重点

循环（Loop）

这次的任务会更加复杂，因此指令也会变得重复而烦琐。这时如果将重复出现的指令组合在一起，那么下达的指令就会精简很多。在程序设计中，一组被重复执行的指令就是循环体，将这些重复出现的指令组合起来，就需要用循环语句。简单来说，循环就是重复地执行某些指令。

1️⃣ 瓢虫机器人要依次去面包店、水果店和海鲜店，然后再回到原地。

2️⃣ 请先使用下列几种指令卡片来规划机器人的行动路线。

前进一格　　　原地左转　　　原地右转

3️⃣ 请依序摆放指令卡片，帮助机器人顺利完成任务。首先重复2次"前进一格"就可到达面包店。这时原地右转，然后重复2次"前进一格"，就可以抵达水果店。接着再原地右转，并将"前进一格，前进一格，原地右转"的指令重复2次，机器人就能到达海鲜店并回到原来的位置。

④ 仔细观察下面摆放的指令卡片，你会发现这些指令卡片的顺序是重复的，这时可以将重复的部分组合在一起。此处"前进一格，前进一格，原地右转"是重复出现的。

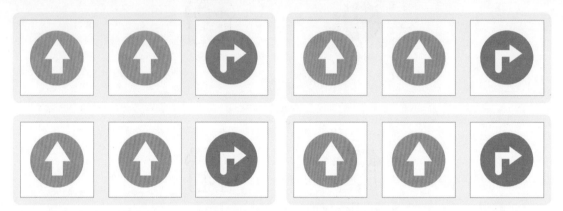

⑤ 想要将这些重复的指令进行简化，就需要使用循环卡片。下面是一套循环卡片，包括"循环次数""循环开始""循环结束"三种指令。你知道如何使用吗？

⑥ 首先在重复出现的指令卡片组合的前面放上"循环开始"的指令卡片，然后在重复的指令卡片组合的后面放上"循环结束"的指令卡片，而"循环次数"的指令卡片则放在"循环开始"指令卡片的前面。如下图所示。

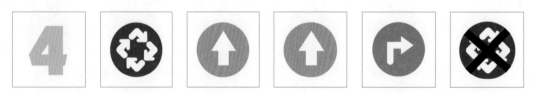

游戏小提醒 tip

　　将重复出现的指令卡片组合在一起，不是一件简单的事情。首先要依照顺序将所有的指令卡片摆放好，然后再从中找出重复的模式。

⑦ 如果瓢虫机器人要依次去往面包店、水果店和海鲜店，然后回到起点，并按照同样的路线出行2次，这时该怎么下达指令呢？

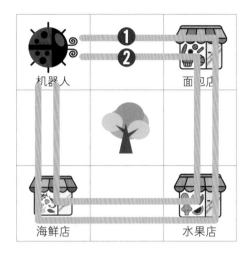

⑧ 参考前面的循环指令，就知道该怎么做了。出行2次，相当于将前面出行一次的指令再重复一次。因此只要将前面的"循环次数"增加一倍，改为8即可。

⑨ 也可以将出行一次的指令作为整体组合在一起，然后将其重复2次。指令卡片的排列如下图所示。看起来虽然有些复杂，但其实表示的是下达2次相同的循环指令。

加上思考力

蜿蜒曲折的路线

1 瓢虫机器人又接到了新任务：去面包店之前，先顺道去一下水果店。这样的路线要怎么设定呢？

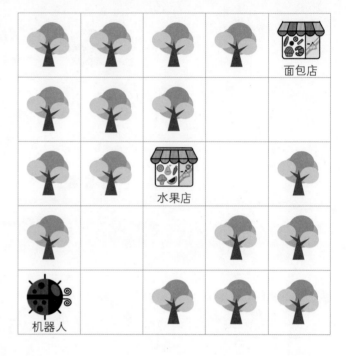

2 这次的路线可真够曲折啊！首先按照顺序将指令卡片排好，然后找出重复的指令卡片。刚开始你可能会觉得找出重复的模式很困难，但只要多练习几次，就会觉得很容易了。

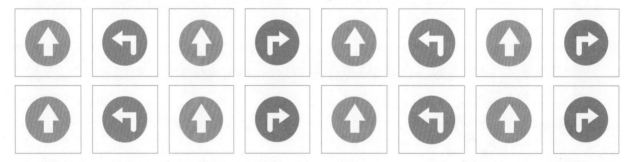

3 将重复的指令卡片组合起来。"前进一格，原地左转，前进一格，原地右转"，将这些指令重复 4 次，就能够完成任务了。

与机器人一起玩游戏❷
路径机器人 Ozobot

Ozobot 是一款能够识别光线和颜色，并且能够移动的机器人。

Ozobot 可以辨别纸上的红色、蓝色和绿色等颜色，然后找出路径移动。孩子只需用彩色铅笔在纸上画出粗粗的线条，Ozobot 就能通过底部的感光器感应色彩并沿着线条移动。无论使用何种颜色的笔画线，即使是将不同颜色交叉在一起，Ozobot也能感应出来。另外，可以调整 Ozobot 的速度、方向、时间、动作等，让它按照指令运动，也可以让它跟着音乐跳舞。

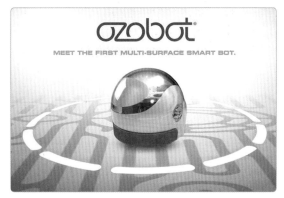

▲ Ozobot 路径机器人

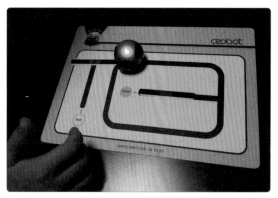

▲ Ozobot 平板游戏

还可以从网上免费下载相关 APP，这样在平板电脑上就能玩游戏了。Ozobot 不仅有趣好玩，而且寓教于乐，孩子在玩的过程中，就能自然而然地理解和熟悉很多程序设计的基础原理。有机会的话请一定要试试哦！

会做选择的机器人

这是瓢虫机器人第一次独自出去买东西，可它却不知道路线，还好有路标指示牌！请看着指示牌找出路线吧。

游戏引导

难度：★★★
所需时间：20分钟
游戏成员：1人以上
准备物品：图卡11

游戏说明

★ 游戏目标

让机器人根据条件选择动作。

★ 游戏约定

· 剪纸时要格外小心，注意安全。

· 游戏结束后，请将指令卡片分类收好。

游戏学习重点
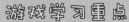

选择（Select）

在这个游戏中，我们不用每一步都给机器人下指令，而是让机器人根据路标指示牌行进。若遇到左转指示牌，就向左转；若遇到右转指示牌，就向右转。这就是"选择"。在程序设计中，根据不同的条件做不同的事情，就需要用条件语句。

不插电！神奇的编程游戏

1 瓢虫机器人打算去海鲜店，但是不知道路线，因此要按照路标指示牌的指引行进。没有指示牌的地方则继续往前走。

2 请剪下图卡 11 中的指令卡片。这次出现了两种新卡片："继续前进"的指令卡片和"如果……就……"的条件卡片。

继续前进　　原地左转　　原地右转　　如果……就……
（与机器人同方向）

3 "继续前进"的指令卡片表示在没有其他指令时，就继续前进一格。"如果……就……"的条件卡片，表示如果遇到某种情况，就需要执行某种动作。现在就来了解一下该如何使用它们吧！

继续前进　　如果……就……

4 摆好指令卡片，帮助瓢虫机器人顺利抵达海鲜店。这些指令卡片表示，在没有其他指令时，机器人继续前进；如果遇到右转指示牌，就必须右转；如果遇到左转指示牌，就必须左转。

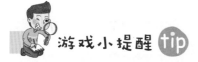

遇到指示牌时，机器人必须根据上面的指示行动。如果没有指示牌，机器人就继续前进。

按照指示牌行进的机器人

1 瓢虫机器人想途经肉店去往水果店。仔细看一看下面的指示牌，帮它设计出这次的行进路线吧！

🌳	🌳	右转指示牌	右转指示牌
🌳		肉店	
机器人		左转指示牌	
🌳			水果店

2 请正确摆放指令卡片，帮助瓢虫机器人完成任务。

3 与前面的指令卡片比较一下。发现了吗？没错，两者一模一样。这种根据条件执行动作的流程，可以应用在很多事情上面。

与机器人一起玩游戏 ❸
互动机器人 Dash & Dot

奇幻工坊（Wonder Workshop）是美国一家教育机器人研发公司，公司的研发团队主要由来自谷歌、苹果等知名公司的工程师所组成。如今他们已开发出两款风靡全球的机器人Dash和Dot，它们能够移动物体，发出声音，甚至还会敲打木琴。

▲ 机器人 Dash（左）和 Dot（右）

Dash & Dot 机器人适合5岁以上的儿童玩耍。它们支持蓝牙功能，可与平板电脑或智能手机连接，进行远距离操控，还支持 SCRATCH 和 Google Blockly 等儿童用的简易编程工具。因此，孩子们可以一边和 Dash & Dot 机器人玩游戏，一边学习程序设计。

▲ 用机器人 Dash 玩互动游戏

你动我做的卡片游戏

命令卡片上画有手、眼睛、鼻子、嘴巴等图案，动作卡片则只有文字，参与者需根据卡片上的文字做出动作。将两组卡片结合起来，就可以玩精彩的游戏。

难度：★★★
所需时间：20分钟
游戏成员：2人以上
准备物品：图卡12

 游戏说明

★ **游戏目标**

根据命令卡片的提示，做出相应的动作。

★ **游戏约定**

进行游戏时，速度不要太快。

 游戏学习重点

动作（Action）

这个游戏很有意思。主持人将命令卡片与动作卡片随意连接，然后让参与者做出各种有趣的动作。比如，将画有耳朵的命令卡片与鼓掌的动作卡片连接，那么当主持人摸耳朵时，大家就要鼓掌。小朋友们通过这个游戏，可以形象地理解为什么在计算机上点击某个按钮，就会出现对应的"动作"。

❶ 命令卡片画有手、眼睛、耳朵、鼻子、嘴巴等图案，分别代表不同的含义。

伸拇指	摸眼睛	摸耳朵
摸鼻子	摸嘴巴	比剪刀

❷ 图卡 12 中还有 9 张动作卡片，如下图。你也可以和朋友一起讨论，设计出其他的动作卡片。

装可爱	欢呼	模仿动物
鼓掌	坐下起立	蹦跳 3 次
抓住手腕	比爱心	原地转圈

③ 指定一个人当主持人。主持人可以随意将命令卡片与动作卡片连接起来，即在命令卡片下方放上动作卡片。如果动作卡片多的话，可以在一张命令卡片下方依序摆放多张动作卡片。

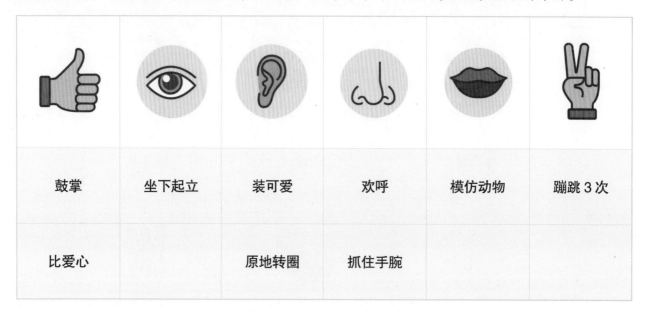

鼓掌	坐下起立	装可爱	欢呼	模仿动物	蹦跳 3 次
比爱心		原地转圈	抓住手腕		

④ 当主持人伸拇指时，其他参与者必须根据该命令卡片下的动作卡片，做出相应的动作。

主持人	参与者

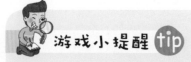 游戏小提醒 tip

连续 5 次做对动作的参与者就可以成为主持人，并重新开始游戏。

玩卡片桌游，学程序设计

桌上游戏（Tabletop Game）简称桌游，又称为不插电游戏，最初风行于欧美，近几年开始风靡全球。桌游不仅可以让亲子和朋友间的感情升温，还可以锻炼脑筋、提升思维能力、增加知识，为生活增添乐趣。再加上桌游不受环境和空间的限制，因此广受欢迎！如今，桌游不但越做越精致，而且游戏类型也越来越多元，电影、历史、冒险、科学、理财、程序设计等题材，都纷纷被制成桌游，这让桌游变得更加丰富有趣，也更具有教育学习的功能。

▲《炸弹大动乱! 守护者联盟》桌游

《炸弹大动乱! 守护者联盟》是一款具有程序设计教育功能的卡片桌游，这款游戏可以帮助小朋友们学习编程的基础原理。

游戏规则如下：

1. 每位玩家各选择一种颜色的卡片，然后按照一定的顺序轮流出示一张卡片。卡片的能力决定卡片的顺序。

2. 出满 5 张卡片时，排在前两位的卡片胜出，排在末位的卡片淘汰。

3. 所有的卡片都出完后，将胜出的卡片按照颜色归还给每位玩家，持有卡片数多的玩家获胜。

▲ 玩卡片桌游的现场

玩家在使用各个卡片的能力时，会用到条件、重复等程序设计的基本概念，这样就可以通过轻松有趣的游戏，快速熟悉编程原理。

眼明手快的抓石子游戏

你玩过抓石子游戏吗？一共使用5颗石子。先将一颗石子抛起来，趁其未落地前，立即抓起地上的其他石子，并接住刚才抛出去的石子。真的非常有趣哦!

难度：★★☆

所需时间：20分钟

游戏成员：2人以上

准备物品：石子

游戏说明

★ 游戏目标

依照规则进行游戏，并计算得分。

★ 游戏约定

若觉得抓石子游戏的规则太复杂，则可以自己更改规则。

游戏学习重点

变量（Variable）

抓石子是一种传统的儿童游戏。参与者根据制定好的游戏规则进行游戏，并根据石子数量来计算年纪（得分），年纪最高者即为获胜者。在游戏的过程中计算得分，不仅可以锻炼小朋友的记忆力，还可以帮助他们学习和理解"变量"的概念。

不插电！神奇的编程游戏

游戏方法

❶ 将 5 颗石子丢在地板上，注意不要让石子互相挨在一起。

❷ **抓 1 颗石子**：拿起其中 1 颗石子向上抛，趁向上抛的石子未落地前，抓起地板上的 1 颗石子，再来接住刚才向上抛的石子。剩下的 3 颗石子也以这种方式上抛并接住。

抓 2 颗石子：拿起其中 1 颗石子向上抛，趁向上抛的石子未落地前，抓起地板上的 2 颗石子，再来接住刚才向上抛的石子。重复两次。

抓 3 颗石子：拿起其中 1 颗石子向上抛，趁向上抛的石子未落地前，抓起地板上的 3 颗石子，再来接住刚才向上抛的石子。然后再将 1 颗石子往上抛，趁向上抛的石子未落地前，迅速抓住地板上剩下的最后 1 颗石子，并接住刚刚往上抛的石子。

抓 4 颗石子：拿起其中 1 颗石子向上抛，趁向上抛的石子未落地前，抓起地板上的 4 颗石子，再来接住刚才向上抛的石子。

❸ **辣椒**：握住所有石子，将其中 1 颗石子往上抛，接着用手指拍一下地板喊出"辣椒"，然后接住刚刚上抛的石子。

❹ **反折**：将 5 颗石子往上抛，用手背接住 5 颗石子，接着再往上抛，并用手心抓住。

❺ **分出胜负**：用反折接住的石子数来计算年纪，一颗石子代表一岁。先约定好获胜的年纪（50~100 岁），先达到的人获胜。

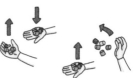

游戏规则

❶ 抓石子时，若不小心触碰到地板上的其他石子，就会被淘汰。

❷ 没有接住抛起的石子，就会被淘汰。

❸ 没抓起地板上的石子或没抓够数量，就会被淘汰。

❹ 反折时，若没有用手背接住 2 颗及以上的石子，或用手背往上抛的石子没有全部抓住，就会被淘汰。

❺ 若在设定的圆圈内玩游戏，石子掉落在圆圈外，就会被淘汰。

❻ 如果某人从开始到最后都没有失误，就可以再玩一次。

❶ 准备 5 颗石子。如果与朋友一起玩，就要先定下每个人的顺序，并确定游戏规则，然后开始游戏。

❷ 按照抓 1 颗石子、抓 2 颗石子、抓 3 颗石子、抓 4 颗石子、辣椒、反折的顺序进行游戏。

❸ 在迷你白板或笔记本上记录每个人获得的年纪，先达到规定的年纪者获胜；也可以用规定的年纪减去每个人获得的年纪，先归零者获胜。

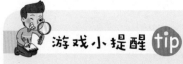

游戏小提醒 tip

若大家觉得书中的抓石子游戏的规则太复杂，则可以自己制定游戏方法和规则。

Special page

世界各地独特的抓石子游戏

　　世界各地都有与抓石子类似的游戏，一般使用碎石、动物骨头、果核、沙包等道具。

　　"嘎拉哈"是流传于满族、蒙古族等少数民族的古老传统游戏。嘎拉哈多用羊的后腿膝盖骨制成。游戏的玩法花样颇多，男女老少都很喜欢。其中一种玩法是将许多嘎拉哈丢到桌上，然后用手指将其中一颗嘎拉哈弹出去，使其碰触到另一颗相同形状的嘎拉哈。

▲ 独特的抓石子游戏

　　不同国家和地区的人会使用不同的道具来玩抓石子游戏。美国和加拿大使用的是铁或塑料片，埃及用的是果核，日本用的是装有米、豆子或沙的布包。虽然各地的玩法略有不同，但游戏的原理都很类似。比如日本人的游戏玩法如下：右手握紧五个布包，先将其中一个向上抛，其余的放到桌面上。接住掉下来的布包后再往上抛，趁向上抛的布包未落下前，赶紧抓起桌上的一个布包，再来接住刚才向上抛的布包。这样重复几次，等到手心握有四个布包时，一局就结束了。

　　小朋友们多玩这种计算分数的游戏，可以更好地理解程序设计中的变量概念。而当你理解了一些概念之后，再玩这些游戏就会有新的体验，思考的角度也会变得更加宽广。其他的传统游戏中是否也包含着某种程序设计的原理呢？各位不妨去找找看吧！

变变动作跳跳绳

你试过一边唱儿歌一边跳绳吗？如果没有的话，现在就试试看吧！一边唱儿歌一边跳绳，并且要按照歌词做出正确的动作哦！

游戏引导

难度：★★☆
所需时间：20分钟
游戏成员：4人以上
准备物品：长跳绳

游戏说明

★ **游戏目标**

一边跳绳，一边按照歌词做动作，并了解算法的可行性特点。

★ **游戏约定**

为了避免有人被绳子绊倒，请不要太用力摇动绳子。

游戏学习重点

算法（Algorithm）

这个游戏要求参与者一边跳绳，一边按照歌词中"拍地板"和"向后转"等命令做出相应的动作。为了让游戏变得更加有趣，大家可以改变歌词，设计新的动作，但是需要注意，就如同算法中任何步骤都具有可行性一样，这些动作也一定要简单可行哦！

咻……

咻……

▲ 往后转

▲ 拍地板

▲ 手举高

▲ 跳

游戏方法

① 两个人分别抓住绳子两端摇动绳子。

② 一边摇绳，一边吟唱儿歌《朋友啊，来跳绳！》。

③ 跳绳者需要依照儿歌的歌词做出正确动作，并且跳过绳子。

④ 如果跳绳者没有按照歌词做正确的动作或被绳子绊到，就会被淘汰。

⑤ 如果跳绳者被淘汰，则由另一个人接替，并重新开始。

⑥ 当歌曲结束时，没有被淘汰的人，即为获胜者！

朋友啊，来跳绳！向后转！

转啊，转啊！拍地板！

拍啊，拍啊！手举高！

举啊，举啊！跳得好！

小猪啊，来跳绳！单脚跳！

跳啊，跳啊！屁股翘！

翘啊，翘啊！学猫叫！

叫啊，叫啊！跳得好！

1 准备一条长绳子，并决定好摇绳的人。摇绳者一边吟唱上面的歌词，一边摇动绳子；跳绳者一边跳绳，一边按照歌词做动作。接着跳绳者与摇绳者互换，重新开始游戏。

2 修改儿歌的歌词，但是歌词中动作必须是可以做出来的哦！试试看吧。

3 现在自己试着改一下歌词。创作好儿歌后，和朋友们一起玩一玩吧。

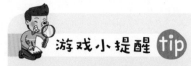

游戏小提醒 tip

改歌词并不容易，因为要确保大家都能做出歌词中的动作。因此，最好的办法是与朋友一起讨论，这样能够集思广益，避免写出大家无法做的动作。

盖房子游戏

就像《朋友啊，来跳绳！》适合在跳绳时吟唱一样，有些儿歌也很适合在孩子们玩游戏时唱。例如下面的儿歌《盖房子》，就可以在玩沙子或堆积木的时候使用。

《盖房子》

来来来，挖沙子，盖房子，

推倒旧房子，盖栋新房子。

来来来，加点水，盖房子，

我盖高房子，你盖矮房子。

哎哟不得了，房子要垮了，

拿起铁铲子，快点盖房子。

当你和朋友一起玩沙子或堆积木的时候，可以一边唱这首儿歌，一边堆房子。等房子盖好后，与朋友一起将手拿开，这时谁的房子没有倒塌，谁就获胜（或是约定好唱几次儿歌，比一比在此期间谁盖的房子更高）。游戏中可能需要重复唱儿歌，这时你就可以通过改变儿歌的歌词来增添游戏的趣味！

▲ 盖房子游戏

任务卡追击游戏

各位一定和朋友们一起玩过捉迷藏吧？与一般的捉迷藏不同，今天的游戏需要与队友进行配合，而且还要用到游戏卡片哦！

难度：★★★

所需时间：30分钟

游戏成员：7人以上

准备物品：图卡13、
图卡14、图卡15

游戏说明

★ **游戏目标**

利用游戏卡片一起玩追击游戏。

★ **游戏约定**

· 奔跑时要注意安全，不要跌倒。

· 抓到对方时，可轻轻拍一下他的背，但不要用力拍打或推搡。

游戏学习重点

协同（Cooperation）

这个游戏与捉迷藏有些相似，不过需要使用游戏卡片，并且要和队友协同制定游戏策略。条件卡片上有"病毒""黑客""编码"等计算机领域的专业术语，大家在玩游戏的同时可以将这些专业术语记下来。

游戏方法

① 推选一人当裁判，其余人员分为两队。

② 裁判将游戏卡片发给各队成员。其他卡片可以剩下，但【秘密情报】卡片一定要发出去。

③ 两队分开，各队成员一起商量获胜的方法。

④ 裁判站在中线，宣布比赛开始。

⑤ 当裁判宣布比赛开始后，大家就可以开始抓对方阵营的人了。

⑥ 抓到人后，抓人者和被抓者都要到裁判那里报到。不要抓别人的肩膀或衣服，而是应该握着对方的手腕一起到裁判那里。

⑦ 两人分别拿出自己的卡片给裁判看，由裁判依照游戏规则判定结果。

⑧ 赢的人可以继续游戏，输的人则要退出游戏。

⑨ 哪队最先抓住对方持有【秘密情报】卡片的人，哪队就获胜。

1 大家分成两队。裁判讲解游戏规则后，将游戏卡片分发给各队队员。

2 各队分开讨论，针对游戏规则拟定作战计划。

3 游戏开始。抓到人后，抓人者和被抓者都不能给对方看自己的卡片，而是要一起到裁判那里，让裁判判定结果。按照规则，持有【编码4】的人抓到持有【编码3】的人时，裁判就会判定【编码3】的人被淘汰。除非有特殊情况，否则不能将自己的卡片告诉对方。

4 哪队先抓住对方持有【秘密情报】卡片的人，哪队就获胜。因此，持有【秘密情报】卡片的人绝不能把自己的身份告诉对方，并且要设法赶快抓住对方持有【秘密情报】卡片的人。

我的卡片	必须避开的卡片	可以抓捕的卡片
编码 1	编码 2—8	病毒、秘密情报、黑客、疫苗
编码 2	病毒、编码 3—8	编码 1、秘密情报、黑客、疫苗
编码 3	病毒、编码 4—8	编码 1、编码 2、秘密情报、黑客、疫苗
编码 4	病毒、编码 5—8	编码 1—3、秘密情报、黑客、疫苗
编码 5	病毒、编码 6—8	编码 1—4、秘密情报、黑客、疫苗
编码 6	黑客、病毒、编码 7、编码 8	编码 1—5、秘密情报、疫苗
编码 7	黑客、病毒、编码 8	编码 1—6、秘密情报、疫苗
编码 8	黑客、病毒	编码 1—7、秘密情报、疫苗
疫苗	无	全部
黑客	病毒、编码 1—5	编码 6—8、秘密情报、疫苗
病毒	编码 1	编码 2—8、秘密情报、黑客、疫苗
秘密情报	全部	无

秘密情报
特殊卡片

不能淘汰任何人，一旦被对方的人抓到，则会被无条件淘汰，整个团队也就输了。

小提醒：需避开所有人的抓捕。

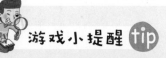

游戏小提醒 tip

必须恰当地使用特殊卡片。另外，如果运动场地过大，就不容易抓到人，因此建议在大小适中的场地中玩这个游戏。

综艺节目中的追击战：
撕名牌游戏

你是不是通过人气综艺节目学到了许多游戏呢？韩国著名娱乐综艺节目《跑男》（Running Man）中就有很多经典且好玩的游戏！其中最为大家熟知的就是撕名牌游戏。它与前面的任务卡追击游戏一样，都能被设计成软件游戏。

首先，将参与游戏的人员分为两队：追击队和任务队。追击队将任务卡藏在任务队不知道的地方，同时也将一张绝对不能泄漏出来的【秘密情报】卡片与任务卡藏在一起。任务队必须将追击队藏好的任务卡找出来，并完成该任务。只要找到【秘密情报】卡片，就会无条件获胜。

任务队出发1分钟后，追击队即可出发，并且展开追击。追击队必须使出全力阻止任务队，使他们无法找到任务卡或无法完成该任务。追击队将任务队的名牌全部撕掉的话，双方即交换角色。

这个游戏不仅可以与朋友一起玩，还能够学习程序设计的原理，真是一石二鸟，是不是啊？

按照指令行事的"机械手臂"

假设你是一个机器人，你的手臂是只会根据指令移动的"机械手臂"。那么该怎样编写指令，才能将物品搬到指定位置呢？快点试试看吧！

难度：★★★

所需时间：30分钟

游戏成员：1人以上

准备物品：鸡蛋托、
乒乓球

 游戏说明

★ **游戏目标**

模仿机械手臂，根据指令搬动物品。

★ **游戏约定**

严格按照指令行动。

 游戏学习重点

程序设计（Programming）

这是一个模拟机械手臂搬运物品的游戏。在玩游戏时，你必须先根据任务编写好指令，然后再按照指令行事。这与程序设计的过程非常相似。通过这个游戏，小朋友可以大致了解程序设计的过程和步骤。

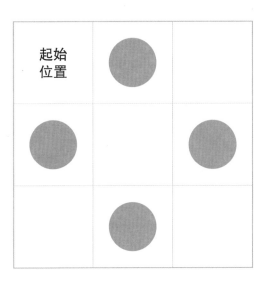

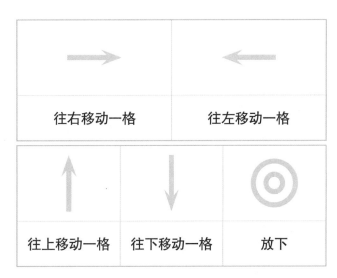

① 准备好鸡蛋托和乒乓球，并确定乒乓球最终需要到达的位置。

② 编写指令。机械手臂会从"起始位置"出发，并依照指令行动。

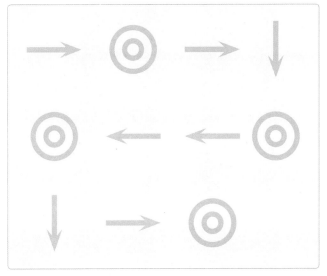

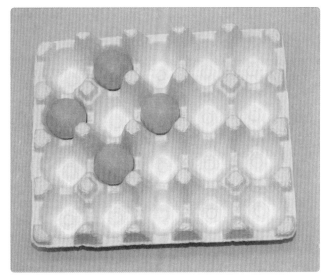

③ 依照编写的指令搬动物品。指令按照从左到右、从上到下的顺序依次执行。

④ 根据指令将乒乓球搬到鸡蛋托内的指定位置。

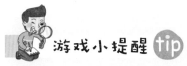

游戏小提醒 tip

小朋友们可以根据情况替换游戏道具，比如可以将鸡蛋托和乒乓球换成围棋盘和围棋子。

用机械手臂搬运物品

（答案请参阅第243页）

1

1	2	3	4	5
6	7	8	9	10
11	12	13	14	15
16	17	18	19	20

2

1	2	3	4	5
6	7	8	9	10
11	12	13	14	15
16	17	18	19	20

3

1	2	3	4	5
6	7	8	9	10
11	12	13	14	15
16	17	18	19	20

超好玩的儿童益智游戏
Cargo-Bot

前面的游戏好玩吗？你能够编写出准确的指令，将物品搬到指定位置吗？现在我们来介绍一款模拟机械手臂搬运物品的儿童益智游戏。

Cargo-Bot 是一款给机械手臂下达指令，从而将货物搬运到指定位置的益智游戏。你只需在 APP Store 上搜索 "Cargo-Bot"，就能免费下载。

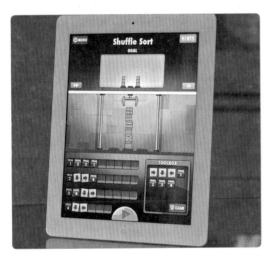

▲ Cargo-Bot

游戏的操作非常简单，如上图所示，我们只需将右下角工具箱中的指令符号拉到程序仓进行编写，然后让机械手臂按照编好的指令搬运货物即可。这款游戏共分为 6 个阶段，难度逐渐增加，能够有效锻炼孩子们的计算思维能力。各位也来挑战一下，如何？

SECTION 12

用纸杯做成的简易沟通网

用纸杯可以制作电话？是啊！今天我们就用纸杯和线来制作电话。做好后，大家就可以利用纸杯电话来互相通话啦。

游戏引导

难度：★★☆
所需时间：30分钟
游戏成员：4人
准备物品：纸杯、线、回形针、剪刀

游戏说明

★ **游戏目标**

用纸杯制作电话并进行通话。

★ **游戏约定**

· 连接纸杯的线要足够结实。

· 通话时，要将连接纸杯的线拉紧一点儿。

游戏学习重点

网络（Network）

这是一个利用纸杯制作电话并互相通话的游戏。当参与游戏的人数很多时，大家随意站立，互相通话。这时这些互相连接的纸杯就像我们平时使用的网络。网络是指一些相互连接的、以共享资源为目的的、自治的计算机的集合。通过网络，我们可以共享信息！

不插电！神奇的编程游戏

① 准备好纸杯、线、回形针（或别针、夹子）和剪刀。

② 在纸杯底部穿一个小洞，将线穿过小洞，然后用回形针夹住并固定在纸杯内部。将线的另一端连接另一个纸杯，这样就完成了一对纸杯电话。试着制作3对纸杯电话。

我们明天去动物园，好吗？

③ 各自拿着纸杯电话站在不同位置。第一个人对第二个人，第二个人对第三个人，第三个人对最后一人，按此顺序将话传达下去。

④ 最后一人将听到的话写下来，大家一起确认他听到的话是否正确。随后改变传话的顺序，再进行一次。

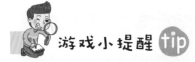

游戏小提醒 tip

通话时，只有把线拉紧，声音才能更清晰地传递出去。注意不要让线打结。

如果多人互相通话，该怎么连接?

1 如下图，参与者有 4 个人。想一想，怎样连接才能使每个人的话不经传达，就能被其他 3 个人直接听到呢?

2 想到了吗? 可以用下图的方法进行连接。请和朋友们用纸杯电话试一试，看看这种方法是否可行?

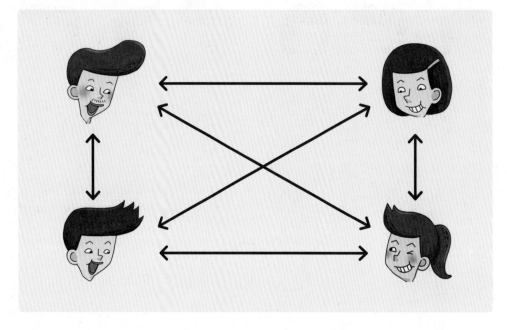

连接世界的互联网

你一天通常会使用几次网络？每次使用多长时间？就算是不喜欢用计算机的人，也都曾经使用过网络吧！通过网络，我们可以轻松了解万里之遥的法国巴黎罗浮宫博物馆的展览信息，还可以收到远在美国的朋友的消息。这种事情是怎么发生的呢？

互联网就像一张巨大的蜘蛛网，将全世界的网络互相连接在一起。它以现代通信技术和现代计算机技术为基础，将各种不同类型、不同规模、位于不同地理位置的网络互相连接，从而让全世界的网上用户实现信息共享。

举例来说，我们在网页的网址栏中输入某个网址后，只需轻轻一点，互联网就能搜索到该网址并进行连接。通过这种互相连接的网络，各位就可以轻松获取世界各地的各种信息。

解开隐藏的暗号

各位听说过暗号吗？今天我们就来编写一套秘密暗号，然后再借助暗号板来解开暗号。

难度：★★★
所需时间：20分钟
游戏成员：2人
准备物品：铅笔、剪刀、图卡16

游戏说明

★ **游戏目标**

制作暗号板，读取暗号。

★ **游戏约定**

旋转暗号板时，不要让空白部分出现重叠。

游戏学习重点

算法（Algorithm）

这是一个制作暗号板，并通过旋转暗号板来解开暗号的游戏。编写暗号最基本的方法是将想要传达的文字的顺序打乱，或者用其他文字替代原来的文字。这个游戏可以帮助孩子理解制作暗号和解开暗号的"算法"。

不插电！神奇的编程游戏

① 准备好铅笔、剪刀以及暗号文字卡片和暗号板卡片（图卡16）。

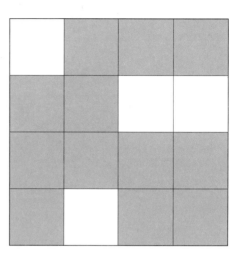

② 将暗号板卡片中白色格子的部分用剪刀剪掉，剩下的部分就形成了一个暗号板。

③ 仔细看看暗号文字卡片，想一想会出现什么暗号呢？

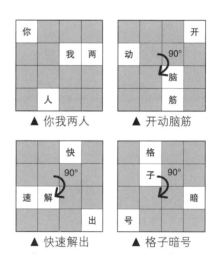

▲ 你我两人　　▲ 开动脑筋

▲ 快速解出　　▲ 格子暗号

④ 将暗号板放在暗号文字卡片上，然后旋转暗号板，读取暗号。

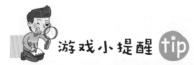

游戏小提醒 tip

　　将剪好的暗号板放在暗号文字卡片上，看一下哪些字没有被暗号板遮住。然后，将暗号板顺时针旋转90°。重复此动作，将出现的字读出来，就是所谓的暗号了。

制作个人专属的暗号板

1 旋转暗号板时，要避免空格部分出现重叠。

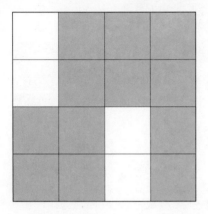 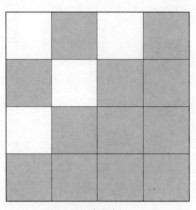 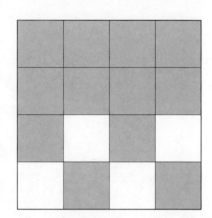

▲ 暗号板

2 将自己编写的暗号文字写在下方，然后让朋友解开暗号。

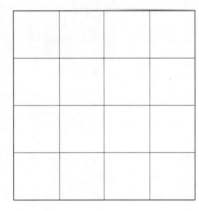 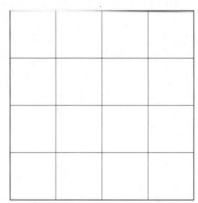

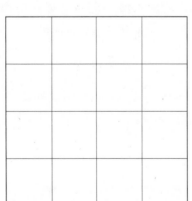 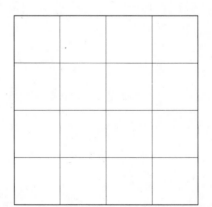

▲ 暗号文字

恺撒密码

恺撒大帝是罗马共和国末期杰出的军事统帅，他平时十分热衷于密码。恺撒密码便是借用了他的名字而命名的。据说，恺撒在通信时会设定所有字母的移动方向，从而使信件变成一封加密文件。例如将字母往右边移动 3 个位置，这样在写加密文件时，所有字母"A"都会换成"D"，"B"都会换成"E"，以此类推。

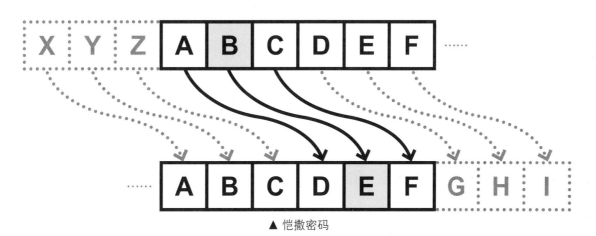

▲ 恺撒密码

恺撒大帝在遭到暗杀之前，曾从家人那里收到了一封紧急的加密信件，上面写着"EH FDUHIXO IRU DVVDVVLQDWRU"。如果用前面提到的解密方法阅读的话，就是"BE CAREFUL FOR ASSASSINATOR"，即"小心暗杀者"。

当时，有一群人正在秘密谋划刺杀恺撒，恺撒也对此有所察觉，但是他并不知道主谋是谁。遭到刺杀的时候，恺撒奋起反抗，当他看到刺杀者中竟然有自己最信任的布鲁图斯时，便放弃了抵抗，并留下了那句著名的遗言："我的孩子，也有你吗？"

Part 03

学习程序设计原理的不插电游戏
游戏材料

❶ 机器人是我的好伙伴
塑料杯或纸杯、笔、图卡 17

❷ 试试看！用铅笔写编码
铅笔、图卡 18

❸ 快啊！程序编码接力赛
写字白板、白板笔、板擦

❹ 勤奋快乐的小花农
花盆、泥土、花铲、种子、图卡 19、图卡 20、图卡 21

❺ 图标设计师
铅笔、橡皮、签字笔

❻ 比一比，谁是神掷手？
网篮、不同颜色的飞盘、分数板（迷你白板）、白板笔

机器人是我的好伙伴

你玩过垒杯子的游戏吗？如果与机器人一起玩，由机器人代替我们来垒杯子，该怎样对机器人下达指令呢？

游戏引导

难度：★★☆

所需时间：20分钟

游戏成员：2人以上

准备物品：塑料杯或纸杯、笔、图卡17

游戏说明

○ 游戏目标

通过垒杯子熟悉指令与动作之间的对应关系。

○ 游戏约定

杯子移动的间隔距离必须一致。

游戏学习重点

算法（Algorithm）

这个游戏需要角色扮演，其中一人扮演工程师，负责下达指令；另一人则扮演机器人（或计算机），负责执行指令。工程师在下达指令时需按照垒杯子的顺序依次进行，并将重复出现的指令组合在一起进行精简。精简之后的指令会更容易让人理解。

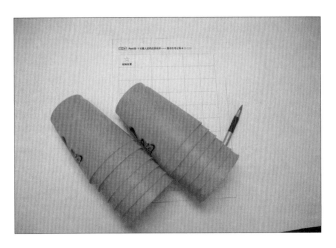

指令符号表

符号	含义
◯	拿起杯子
◎	放下杯子
↑	往上移一步（杯子宽度的一半）
↓	往下移一步（杯子宽度的一半）
←	往左移一步（杯子宽度的一半）
→	往右移一步（杯子宽度的一半）

❶ 准备好指令符号记录卡（图卡 17）和若干个塑料杯或纸杯。

❷ 看着上面的指令符号表，想一想该如何下达指令。

❸ 仔细思考将杯子垒起来的方法，然后利用指令符号写成一套指令。

游戏须知：
· 拿起杯子的高度，要超过垒杯的最高高度。
· 移动一步的距离，是杯子宽度的一半。
· 机器人无论前进还是返回，都需要由工程师来下达指令。
· 杯子的数量不限，可从最简单的 3 个杯子开始垒。

❹ 试着按照指令将杯子垒起来。最后会垒成什么样呢？请试着写出不同的指令，将杯子垒成不同的形状。

 游戏小·提醒

　　虽然下达指令的"工程师"只有一位，但是执行指令垒杯子的"机器人"却可以有很多。小朋友们可以进行比赛，看谁垒得最高或者执行指令的速度最快。

简化冗长的指令

❶ 先将重复出现的指令符号组合在一起，然后再下达指令。

❷ 如下图，将一长串重复的指令用简化的形式表现出来。即在重复的指令后面加上括号，括号内标出重复的次数。

◯➡(12)

◎⬅(12)

机器人写新闻？！

"特斯拉公司（Tesla Inc.）的电动汽车营收与去年同期相比有小幅下滑。专家预估该公司股票每股的股价会下跌 36 美分。"

上文是刊载在美国财经杂志《福布斯》（Forbes）的一篇报道。但是这篇报道并不是由记者撰写的，而是由机器人 Quill 用写作软件写出来的。Quill 是美国一家自动写作技术公司（Narrative Science）制造的写作机器人，它会分析数据，然后将数据转化为合理且富有故事性的文字内容。

机器人会写文章，这是不是很令人惊讶呢？那么为什么机器人会写文章呢？原来，研究人员通过分析大量文章，发现各类文章都存在一定的重复模式，只要为机器人编写出一套写作程序，它们就能自动完成一篇文章。

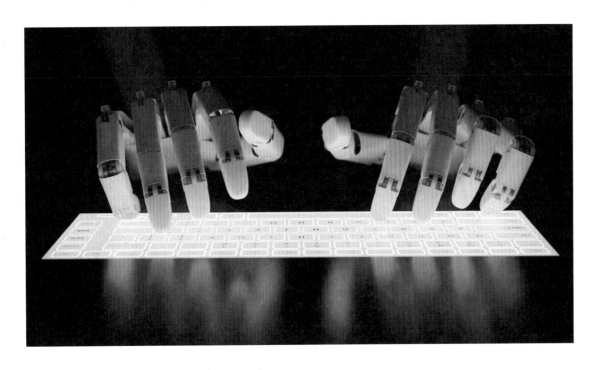

除了撰写文章外，还有哪些事情可以由人工智能代替人类去做呢？请想想看吧！

试试看！用铅笔写编码

只要有铅笔和方格纸，即使在没有计算机的情况下，也能进行程序设计！你想在方格纸上写下什么指令呢？快来想想看吧！

游戏引导

难度：★★☆

所需时间：20分钟

游戏成员：1人以上

准备物品：铅笔、图卡18

游戏说明

○ **游戏目标**

用铅笔写编码，尝试程序设计。

○ **游戏约定**

尽可能使用精简的指令。

游戏学习重点

程序设计（Programming）

我们可以将绘制图形的方法或步骤用事先约定的指令表示出来。对这些指令进行编辑和排列的过程，就相当于程序设计。

指令符号表

☆ 起点		■	
		■	

←	往左移动
→	往右移动
↑	往上移动
↓	往下移动
◎	涂色

❶ 准备好铅笔编码卡（图卡 18）和铅笔。

❷ 请熟记上面的指令符号表，起始位置用星号来表示。

❸ 一边画出自己所想的路径，一边在右侧的空格处写下相应的指令。

☆ 起点		■	→ → ◎ ↓
	■		← ◎

❹ 以上图为例，从起点开始，往右移动两格后涂色，接着往下移动一格，再往左移动一格后涂色。最右侧栏中就是写好的指令。

❺ 将写好的指令给朋友看，请朋友按照该指令画图。如果朋友能够正确画出图形，那么游戏就完成了。

游戏小·提醒

　　能够解决问题的指令组合有很多种。想一想第一个指令应该怎么写，然后按照顺序写下后续的指令即可。另外要注意两点，一是指令的执行顺序通常是从左到右；二是将同行的指令写在一起，方便阅读。

看图写出行动指令

（答案请参阅第244页。）

需要绘制的图形	行动指令

需要绘制的图形	行动指令

需要绘制的图形	行动指令

游戏·小·提醒

重复出现的一组指令该如何精简呢？可以用括号将它们括在一起，并标上重复的次数！举例来说，→↓◎重复出现 4 次，就可以精简为 4（→↓◎）。

Pencil Code（铅笔编码）

Pencil Code 是一个协作编程网站，该网站设计了一种学习编程的新方法。用户可以使用网站提供的编辑器来编写程序，还可以创建图片、音乐、游戏和故事，甚至可以开发一种新的编程语言。

对网页上的乌龟下达指令，可以让它画出各种图画或几何图形，也可以让它弹奏乐曲。

你可以先看看网页上的各种例题，等熟悉指令后，再开始尝试编码吧！

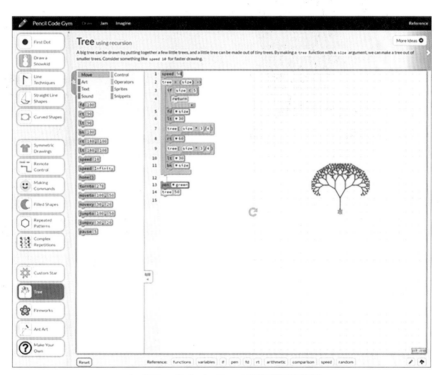

▲ 用 Pencil Code Gym 网页学程序设计

以积木堆栈方式学习编码的程序软件还有很多。只要熟悉程序设计概念、原理以及算法，不论使用何种程序设计语言编写程序，都会非常有趣。

快啊！程序编码接力赛

大家对用铅笔写编码已经很熟悉了吧？这次我们试着来玩一个程序编码接力赛。先把参与者分成两队，每次一个人，跑至工作台书写指令，或是将错误的指令擦掉，再跑回来换下一位队友，直到完成编码。先完成的队伍获胜。

游戏引导

难度：★★★
所需时间：20分钟
游戏成员：6人以上
准备物品：写字白板、
白板笔、板擦

游戏说明

○ **游戏目标**

通过程序编码接力赛，帮助孩子深入了解程序设计中的调试动作。

○ **游戏约定**

书写指令或擦掉错误指令，两种动作只能选择其中一种。大家奔跑时需注意，不要互相冲撞。在起点等待出发的人必须和返回的队友击掌后才能出发。

游戏学习重点

调试（Debug）

将之前练习过的各种编码结合起来试试看。前面的队友看着指令持续接力编写下去，后面的队友则可以检查前面队友的编码并试着修改其中的错误，这个动作就是调试。孩子们要互相配合，共同讨论，并最终解决问题。

Playing!
不插电！神奇的编程游戏

❶ 在工作台上放好必需的物品。两组人一起到起点线上排好队，依照顺序逐个出发。

❷ 写完指令后，跑回起点线与下一位队友击掌。

❸ 检查上一位队友书写的指令是否正确，并且接力下去。若上一位队友写错的话，则用板擦将他的错误指令擦掉。需要注意的是，可以一次擦掉好几个指令，只是接下来就要花更多时间重新编写指令，这样势必会延长本队的比赛时间。

❹ 指令全部正确且最先完成的队伍获胜。

 游戏小·提醒

　　参与者在书写指令时，可以和站在起点线的队友互相讨论。当某队率先完成时，需要让另一队检查指令，若所写的指令全部正确，则该队获胜。若两队同时正确完成，则指令较短的队伍获胜。

根据肢体动作写指令

① 试着通过肢体动作向远处的朋友下达指令。接着两人互换角色再尝试一次。

肢体动作	执行	指令
	往上移动一格	↑
	往下移动一格	↓
	往左移动一格	←
	往右移动一格	→
	涂色	●
	结束	✖

❷ 接收到肢体动作指令的人先将指令写下来，再根据指令在方格纸上画出图形。

❸ 两人一起确认图形是否正确。

试着编写指令，绘制出下面的图形。可以和朋友一起玩编码接力赛，也可以根据朋友的肢体动作写指令，还可以自己在白板上写指令。　（答案请参阅第245页。）

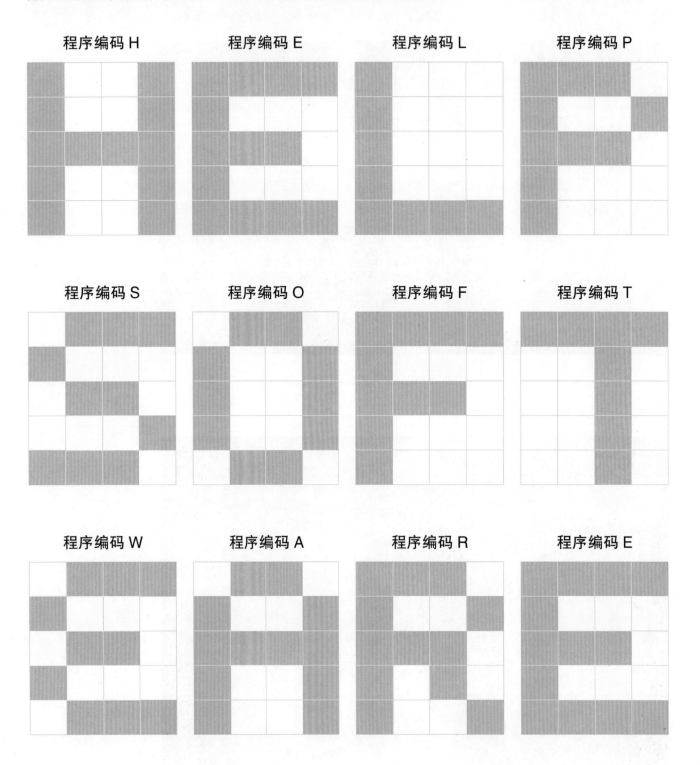

程序编码 H　　程序编码 E　　程序编码 L　　程序编码 P

程序编码 S　　程序编码 O　　程序编码 F　　程序编码 T

程序编码 W　　程序编码 A　　程序编码 R　　程序编码 E

调试与调试程序

"调试"（Debug）是计算机领域的专业术语，意思是排除程序故障。那么，排除程序故障为什么叫"Debug"呢？

"Bug"的意思是"虫子"，"Debug"的字面含义就是"清除虫子"。1947年，世界最早的程序设计师之一，美国海军准将格蕾丝·莫雷·霍珀（Grace Murray Hopper）发现计算机马克2号出现故障，无法正常运行。她拆开继电器后，发现故障原因是一只飞蛾被夹扁在触点中间，从而造成短路。从那时起，程序错误就被称为"Bug"，而排除程序故障就被称为"Debug"。

我们该如何排除程序故障呢？通常是使用"调试程序"（Debugger）来检查有没有错误。大部分的软件开发程序都有侦错并且回报的机制。

那么，让我们来想想它的原理。我们在写字或解题时，若发现了奇怪的部分，会怎么做呢？有些人会从头检查一次，或者分成几个部分分别检查，又或者像寻找迷宫出路一样从后往前检查。这些都是除错的方法。程序的侦错方法也是如此，可以一行行地进行侦错，也可以一段段地进行侦错，还可以存储曾经发生过的错误，提前侦错。

在程序设计的过程中，寻找并纠正错误是很重要的事情。程序中若存在"Bug"的话，就会出现无法预测的错误结果。因此我们必须要时常检查和复习之前程序设计的过程。这样做不仅可以保证程序的正常运行，而且可以提升我们的思考能力。

勤奋快乐的小花农

你有过种盆栽的经历吗？如果没有土壤的话，种子会发芽吗？在花盆中放入土壤，种下种子，种子慢慢发芽生长，长成植株。按照步骤种植种子，当个快乐的小花农吧！

游戏引导

难度：★★☆
所需时间：20分钟
游戏成员：1人以上
准备物品：花盆、泥土、花铲、种子、图卡19、图卡20、图卡21

游戏说明

○ **游戏目标**

通过亲自种植种子的游戏来了解编程思维。

○ **游戏约定**

仔细观察和记录花盆中种子的变化过程。

游戏学习重点

编程思维（Program Thinking）

了解在花盆中种植植物的过程，并且亲手栽种。每件事情都有解决的方法与步骤，这些方法和步骤就被称为算法。不论遇到什么问题，找出它的算法都是很重要的。

不插电！神奇的编程游戏

❶ 准备好种子种植卡片（图卡 19、图卡 20）、花盆、泥土、花铲、种子等物品。

❷ 仔细观察混在一起的卡片，拿出与种植种子无关的卡片，放在一旁。

❸ 认真思考种植种子的过程，然后将相关的卡片依照顺序排列好。

❹ 看着排好的卡片，按步骤将种子种在花盆中。

❺ 在纸板上写下日期、种子名称和自己的名字，然后将纸板插在花盆里。

❻ 大功告成！

游戏小·提醒

　　有些小朋友为了想快点儿种好种子，可能会不按照卡片的顺序执行。注意，这样做是不对的。无论如何，一定要照着排好的卡片顺序来种植种子。

自行设计算法

① 除了从现有的卡片中挑选并排序来设计算法，也可以在算法设计卡（图卡 21）上写出自己的想法，自行设计算法。

② 养成这种将解决问题的方法或步骤写下来的习惯，对提升自己的思考能力很有帮助。

农业机器人

为了应对日本社会高龄化严重和劳动力不足的情况，日本 Spread 公司建造了全球第一家机器人农场。安装有传送带的机器人就是这家农场的农夫，机器人会给蔬菜浇水、修剪杂枝、栽植新苗、收获蔬菜。从播种到收获，机器人都能应对自如，负责到底。此外，机器人还装有高科技的传感器，可以调节蔬菜大棚内的温度、湿度、照明和二氧化碳的含量等，保障蔬菜的茁壮成长。

如同前面在花盆里种植种子需要算法一样，机器人之所以能够取代人类从事农业工作，也是基于一套完整的算法。机器人会根据这套算法进行各种农事活动，这真是太让人惊讶了，不是吗？

▲ 农业机器人

各位也可以试着为"写作业"设计一套算法，也许在不久的将来，机器人就能根据你设计的算法来帮助大家写作业呢！是不是很期待啊？那就从现在开始设计吧！

图标设计师

我们在使用计算机或智能手机时，会发现其界面上有许多图标（Icon）。图标能将文字或复杂的事物用简单的图形表现出来，从而使人机界面更加人性化，方便用户识别和操作。我们也来试着将各种事物做成图标吧！

难度：★★★

所需时间：40分钟

游戏成员：1人以上

准备物品：铅笔、橡皮、签字笔

 游戏说明

○ **游戏目标**

亲自设计图标，体验并熟悉抽象化的思维方法。

○ **游戏约定**

循序渐进，先从简单的事物开始，试着表现出其最重要的特征。

 游戏学习重点

抽象化（Abstraction）

对某种事物或某件事情进行抽象化并非易事，因为需要在复杂的事物或事情经过当中找出最重要、最本质的特征。通过这个设计图标的游戏，小朋友们可以体验并熟悉抽象化思维。

球的种类	共同特征	差异性特征
足球	圆形	正五边形、正六边形
篮球	圆形	四条线纹路
棒球	圆形	两条线纹路

① 仔细观察上图中的三个球。

② 认真思考一下这三个球的特征。举例来说，这些球都是圆形，但球面却有不同的花纹特征。

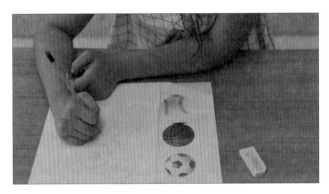

③ 找出事物最重要的特征，并将其简单地表现出来，想想看有什么方法可以表现出这些特征。

④ 先将每个球的轮廓画出来。若觉得画圆有难度，则可以借助硬币等圆形物品来画。

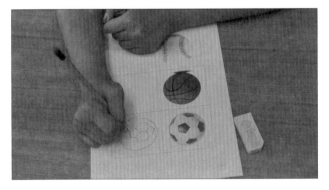

⑤ 在圆形中画出每种球的独特特征。

⑥ 用签字笔沿着铅笔画的痕迹再描绘一次。

游戏小·提醒

画圆的时候，可以借助硬币等圆形物品，也可以使用圆规等画图工具。

图标设计练习

1 试着给下面的建筑物设计图标。

实际建筑物	描绘外观轮廓	图标
韩国崇礼门		
法国埃菲尔铁塔		
澳大利亚悉尼歌剧院		
印度泰姬陵		

❷ 试着给下列与计算机相关的物品设计图标。

实物模样	描绘外观轮廓	图标
 显示器		
 键盘		
 笔记本电脑		
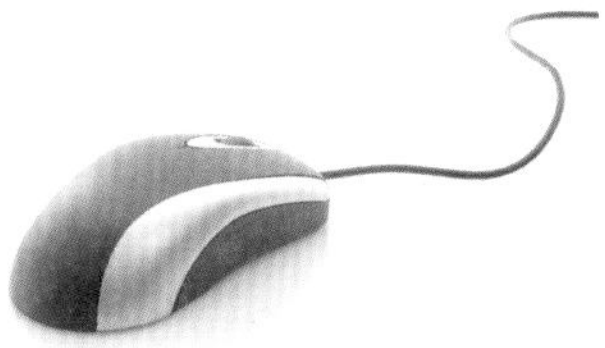 鼠标		

❸ 试着用图标表现下列词语的含义。

实际词语	图标
重复	
选择	
交换	
关闭	

一目了然的地标

　　地标（Landmark）是指某个地方具有独特地理特色的建筑物或者自然物，是某一个国家或城市的标志。比如，中国万里长城、韩国崇礼门、法国埃菲尔铁塔、埃及金字塔、印度泰姬陵、美国自由女神像等，都属于地标。这些地标能够让该国家或城市变得更加著名、更容易被人们记住。

　　即使是再复杂的建筑物，也能被设计成让人一眼就辨认出来的图标，方法就是运用抽象化思维，只保留关键特征，而去除其他不必要的部分，这样就会很容易被识别出来。

▲ 城市地标的图标

　　你都知道哪些著名的景观呢？你家周边有哪些富有特色的建筑物？现在就试着为它们设计出简明的图标吧！

比一比，谁是神掷手？

你玩过掷飞盘的游戏吗？掷得最远或是最靠近目的地的人可以获得最高分。和朋友们进行一场掷飞盘的比赛，比一比谁更厉害吧！

 **游戏引导**

难度：★★☆
所需时间：20分钟
游戏成员：3人以上
准备物品：网篮、不同颜色的飞盘、分数板（迷你白板）、白板笔

 游戏说明

○ **游戏目标**

通过掷飞盘的游戏来认识变量。

○ **游戏约定**

不同颜色的飞盘代表不同的分数，因此必须要准确记录。

 游戏学习重点

变量（Variable）

两队通过将飞盘掷入网篮来积累分数。不同颜色的飞盘代表不同的分数，如果将飞盘掷入网篮，就会获得相应分数；反之，如果没有掷入，就会扣除相应分数。5个回合之后，裁判将两队在每个回合的得分情况进行统计，得分高的队伍获胜。

❶ 准备不同颜色的飞盘与网篮。没有的话，可以利用家里现有的皮球、提篮或竹篮。

❷ 分组后各自决定投掷的顺序。

❸ 两队的队员分别依照顺序投掷飞盘，裁判则需要在一旁记录各队的分数。

❹ 将两队的总分数记录在白板上，当最后一回合结束时，分数较高的一队获胜。

游戏小·提醒

要在记分板上记录各队每一回合结束后的总分数，直到最后一回合结束。也就是说，每一回合结束后，分数都会发生变化。变量就是会一直变化的量，记分板就是储存变量的一个空间。

统计详细的得分情况

❶ 前面的游戏只记录了最后的总分数，若需要记录更详细的得分情况，则可使用表格的形式。

❷ 如下图，将每队每一轮的分数分别记录下来，就能更清楚地了解得分情况。

自动计算所有分数

　　幼儿园老师通常会用乖宝宝贴纸来表扬表现好的小朋友，不少老师还会使用计算机将所有小朋友的成绩记录下来，以此来了解他们的表现。

　　在前面掷飞盘的游戏中，每位队友在投掷飞盘后获得分数，当飞盘被投入代表分数值的空间里（网篮）时，就开始计算得分。幼儿园老师也是运用同样的方法来了解学生们的学习情况的，即将学生每个阶段的表现得分记录下来，最后累计总分，就如同前面所看到的记分板一样。

▲ 赛车电子游戏的记分画面

　　前面掷飞盘的游戏和幼儿园老师记录学习情况的例子，有助于我们更好地理解程序设计中变量的概念。每次记录的分数发生变化，程序运行时所存储的值也随之发生变化，这种用来存储随着程序运行而发生变化的信息的空间就叫作"变量"。例如大家在玩赛车游戏时，画面上偶尔会出现具有一定分数值的硬币，点击硬币的话游戏分数值就会增加，这和变量存储程序信息的原理是相同的。

　　那么，以后大家在设计"得分类游戏"的程序时，不可或缺的是什么呢？没错！就是存储分数值的空间——变量。

我是大侦探！

大家玩过"天黑请闭眼"之类的推理游戏吗？好人必须依靠有限的线索找出杀手。杀手在隐藏自己身份的同时，还必须让本方的人数多于好人阵营。现在大家一起来玩一玩与"天黑请闭眼"游戏相似的寻找嫌疑人游戏吧！

游戏引导

难度：★★☆

所需时间：20分钟

游戏成员：4人以上

准备物品：书写工具、图卡22

游戏说明

○ **游戏目标**

让小朋友们了解条件限制的作用，并学会根据条件做出选择。

○ **游戏约定**

仔细推敲给予的条件并做出选择。

游戏学习重点

条件（Condition）

这是一个根据给予的条件寻找嫌疑人的游戏。将不符合条件的人一一排除，最后满足条件者就是嫌疑人了。通过寻找嫌疑人的过程，小朋友就能慢慢学会如何根据条件做出选择。

不插电！神奇的编程游戏

❶ 准备好条件卡（图卡 22），或者拿一张白纸，在上面写出"并且""或""不是／没有"3 个条件词。

❷ 选出一个人当主持人，让他先在心里指定好嫌疑人，然后在条件卡上写下嫌疑人的 3 个特征，如"戴眼镜"并且"穿着黑色衣服"等。写的时候，不要让其他人看到条件卡。

❸ 大家一起根据条件卡上提供的特征，逐步锁定嫌疑人。

❹ 最后一起用手指指向嫌疑人。

游戏小·提醒

符合条件卡上提供的所有条件的人就是嫌疑人，其中的"并且""或""不是／没有"是逻辑运算符。以"并且"连接的两个条件必须全都符合，而以"或"连接的两个条件只需符合其中之一即可，与"不是／没有"连接的条件则是否定的意思。大家能根据给定的条件抓到嫌疑人吗？

宝物在哪里?

❶ 不一定非要玩找出嫌疑人的游戏，也可以利用相同的原理进行其他游戏。

❷ 例如可以和朋友一起玩寻宝或寻找失物的游戏。

侦查能力不输警察的网友搜查队

　　遭遇事故或受到伤害时，各位会怎么做呢？没错！当然是报警请警察来处理，让警察来抓捕真正的犯罪者了。不过如今网络十分发达，尽管很多网友不是警察，但是也都热心地从网络上搜集各种线索，尽力帮助受害者。可以说，现在已经是人人都能成为搜查队员的时代了。

　　以监控中无法清晰辨识的人像为基础，加上衣着、相貌或车牌号码等条件，就能缩小侦查范围或圈定可疑人士，然后再进一步增加条件进行比对，就能找出真正的犯罪者。

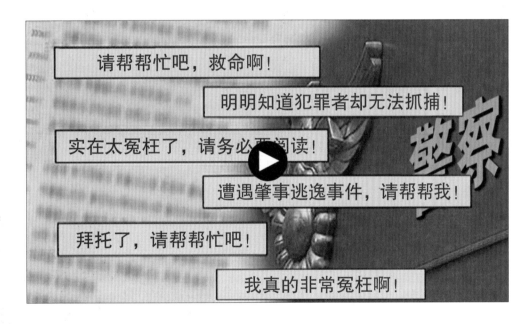

　　警察寻找犯罪嫌疑人的方法也是如此。搜集各种证据，推理出犯罪者必须具备的条件，然后根据条件进行排除，逐渐缩小嫌疑者的范围，最后根据决定性证据抓到犯罪嫌疑人。请认真掌握这种根据条件筛选事物的方法，与朋友一起玩寻找嫌疑人或宝物的游戏吧！

机器人闯迷宫（1）重复中的重复

瓢虫机器人正在旅行，但是它不小心闯进了非常复杂的迷宫。请各位帮助瓢虫机器人完成任务吧！

游戏引导

难度：★★★

所需时间：20分钟

游戏成员：1人以上

准备物品：图卡23、图卡24、图卡26、图卡27

游戏说明

○ **游戏目标**

利用循环嵌套解决问题。

○ **游戏约定**

请不要重复太短的指令。

游戏学习重点

循环嵌套（Nested Loop）

我们前面讲过，循环就是重复执行某些指令，而在重复之中包含重复，用专业术语就叫循环嵌套，即在循环中又包含循环。不好理解是吧？不用担心，等做完这个游戏，你就能理解了。

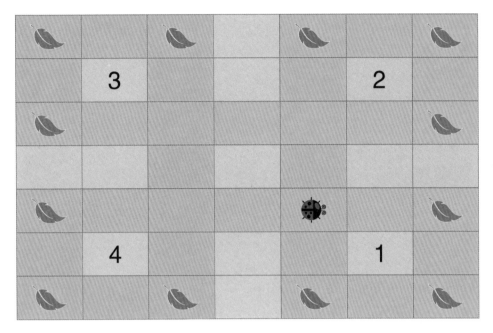

❶ 认真观察迷宫的形状和瓢虫机器人的位置。瓢虫机器人必须带着所有的叶子回到出发的起点，这样就可以完成任务了。

前进一格　　　原地左转　　　原地右转

循环开始　　　循环次数　　　循环结束

❷ 熟悉一下上面这些指令卡片。

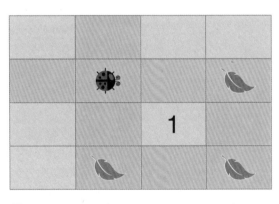

❸ 要想一次性解决这个问题很困难，这时可以先切割出迷宫的一部分来思考。

❹ 针对这部分迷宫，瓢虫机器人需要往前走2格，然后原地右转。将上面的动作重复4次，它就能回到起点了。

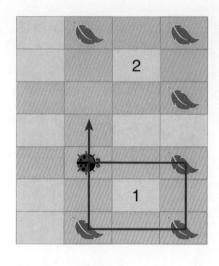

❺ 现在来看下一部分迷宫。经过观察我们发现，迷宫 1 和迷宫 2 完全相同，因此只要重复执行步骤❹，就能走出迷宫 2。但是怎样才能从迷宫 1 走到迷宫 2 呢？很简单，瓢虫机器人在完成步骤❹后，原地左转，接着往前移动 2 格即可到达迷宫 2。

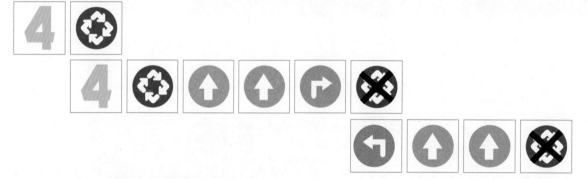

❻ 如果将步骤❹和步骤❺的过程重复 4 次的话，会发生什么事呢？这时，瓢虫机器人就可以带着树叶回到起点了。

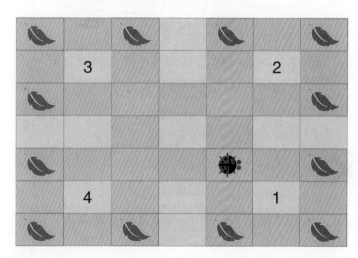

❼ 试着让机器人按照指令卡片的指示完成任务吧！

游戏小·提醒

想要一次性解决这个迷宫问题是很困难的。可以先将迷宫分成几块，分块解决，同时仔细观察解决步骤是否重复，这样就能够比较容易地解决问题。这种将复杂的问题进行拆分的思考方法就叫作"问题拆解法"，在重复之中包含重复的情况就叫作"循环嵌套"。

破解阶梯迷宫

❶ 瓢虫机器人这次遇到的是阶梯迷宫。试着排好指令卡片，帮助瓢虫机器人走到迷宫尽头吧。

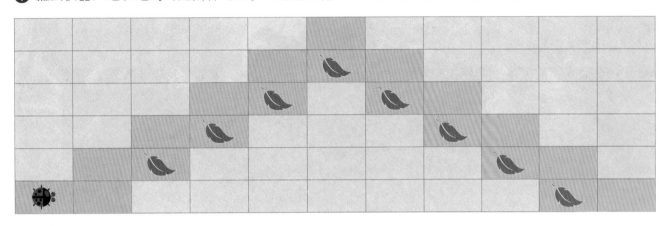

❷ 先用"问题拆解法"，将迷宫拆出一小部分来解决。假设机器人只是要爬上一格阶梯，该怎么走呢？
往前走一格，原地左转，接着往前走一格，再原地右转，这样就爬上一格阶梯了。

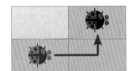 

❸ 瓢虫机器人需要重复多少次步骤❷的动作才能走到迷宫的顶端呢？答案是只要重复 5 次，就能走到
迷宫的顶端啦！

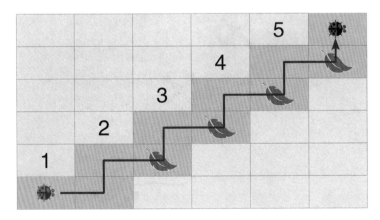

❹ 我们该怎样用指令卡片来表示步骤 ❸ 的解决方法呢？其实就是将步骤 ❷ 的指令卡片重复 5 次即可。

❺ 现在机器人要从迷宫的顶端往下走，即开始下阶梯。先原地右转，接着再使用步骤 ❹ 的指令卡片就能够下阶梯了。

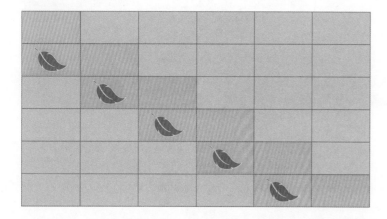

❻ 由此看来，走出迷宫的整个过程就是将步骤 ❹ 的指令卡片重复 2 次。首先爬到阶梯顶端，接着向右转，再使用相同的指令卡片从顶端爬下来。

生活中的循环嵌套

你仔细研究过九九乘法表吗？

将 1 至 9 之间的数字两两相乘的结果用表格的形式呈现出来，就是九九乘法表。以数字 2 为例，就是将 2 分别与 1 至 9 相乘。仔细观察可以发现，从 1 到 9 的每一个数字都要逐一地乘以 1 到 9，也就是说，被乘数从 1 到 9 每增加 1 时，都要反复地与乘数 1 到 9 分别相乘。

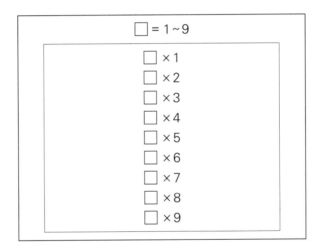

总而言之，九九乘法表显示的就是 1 到 9 之间的一个数分别乘以 1 到 9 的乘积，然后将这个数加 1，继续重复这一过程。整个过程包含两层重复现象，内层重复是乘数从 1 到 9 逐次增加 1，外层重复是被乘数从 1 到 9 逐次增加 1。这种重复之中包含重复的情况就是循环嵌套。想一想我们的生活中还有哪些类似的情况呢？比如学校供餐时，从一年级到六年级分别按照 1 班到 5 班的顺序依次取餐，这样的反复过程也属于循环嵌套。日期和星期也属于循环嵌套，在每个月中，第一周到第四周反复出现；在每一周中，星期一到星期日反复出现。时钟也是如此，一天 24 个小时，时针从 1 走到 12 是一个循环，即 12 个小时，每天要重复 2 次。分针从 1 走到 12 也是一个循环，即 1 个小时，每天要重复 24 次。如果还是不太理解循环嵌套的含义，建议大家先思考一下产生重复现象的对象 1（即内层小循环）是什么，然后再去观察包含对象 1 在内的重复运行的对象 2（即外层大循环）是什么，这样的拆解方法有助于大家更好地理解这一概念。

机器人闯迷宫(2) 条件中的条件

多亏大家的协助,瓢虫机器人才能够顺利完成任务。但在接下来的旅程中,瓢虫机器人好像又遇到了其他难题。这次的迷宫更加复杂,机器人必须根据条件选择路线,才有机会走出迷宫。请大家一起来帮瓢虫机器人解决难题吧!

SECTION
9

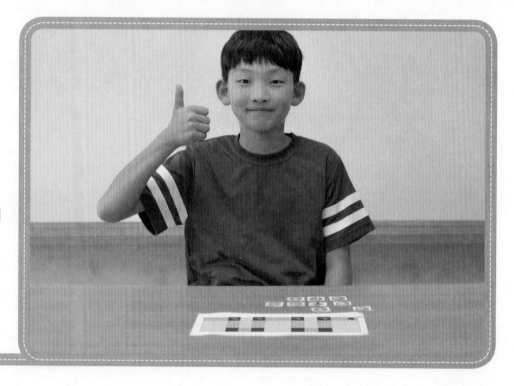

游戏引导

难度:★★★
所需时间:20分钟
游戏成员:1人以上
准备物品:图卡23、图卡24、图卡25、图卡26、图卡28

游戏说明

○ 游戏目标

学会利用条件指令解决问题。

○ 游戏约定

想一想机器人在闯迷宫的过程中,需要进行哪些条件判断。

游戏学习重点

条件语句(Conditional Statement)

至少有两种可能结果(条件返回值)才能构成一个条件语句。举例来说,判断一枚硬币是正面还是反面这一条件语句中,就有"正面"和"反面"两种可能结果。此外,还可以在此条件语句的基础上追加其他条件,例如判断出正反面之后,再继续判断此硬币的面值是1角、5角还是1元。

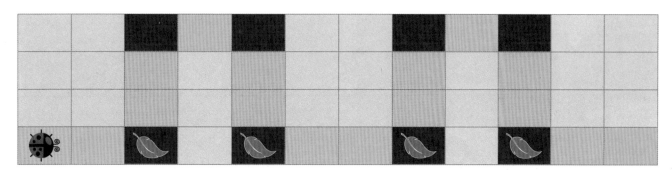

❶ 这次瓢虫机器人要从像蛇一样弯曲狭长的迷宫中走出来。这个迷宫的地板颜色蓝黄错落，非常复杂，该如何闯出迷宫呢？

前进一格　　原地左转　　原地右转　　如果……　　有树叶　　　是　　　地板是黄色　地板是蓝色　　否
　　　　　　　　　　　　　　　　　　就……

❷ 仔细观察上面的指令卡片，这次新增了"如果……就……"[①] "地板是……色""有树叶"等卡片。

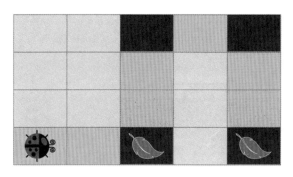

❸ 先将问题拆解，截取迷宫的一部分来观察。想想看，这部分迷宫该怎样走呢？

❹ 经过分析我们发现，要想走出迷宫，机器人要先判断地板的类型，然后根据地板的类型来采取不同的行动。如果在黄色地板上，则只需前进一格；如果在蓝色地板上，则需要再次进行判断：即地板上有树叶的话，则需要原地左转后前进一格；地板上没有树叶的话，则需要原地右转后前进一格。进行判断时，需要使用"如果……就……"卡片。现在机器人位于黄色地板上，所以要先放置"如果……就……"的卡片，然后放置"地板是黄色"和"前进一格"的卡片。

① "如果……就……"的程序指令用语是"if...then..."。

⑤ 机器人按照步骤④的指令往前移动2格后，就会遇到有树叶的蓝色地板。这时只要加上使用条件就可以了，即先放置"地板是蓝色"和"有树叶"的条件卡片，再放置"原地左转"和"前进一格"的指令卡片。

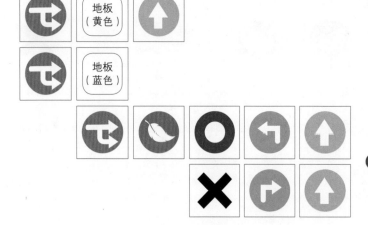

⑥ 如果遇到的是蓝色地板，且地板内没有树叶，又该如何呢？这时要放置"原地右转"和"前进一格"的指令卡片。

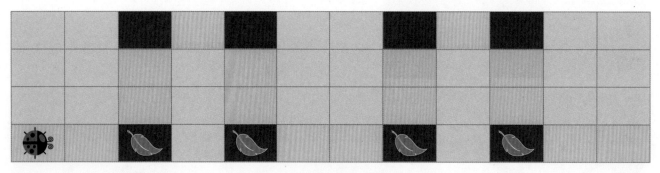

⑦ 只要按照排列好的指令卡片移动，机器人就能闯出迷宫了。

 游戏小·提醒

只有存在两种或两种以上的可能结果时，才能使用"如果……就……"条件语句。

简化冗长的指令

1 瓢虫机器人遇到更加复杂的迷宫了。

❷ 我们先截取迷宫的一小部分来观察，发现其中有黄色地板、蓝色地板和树叶。仔细观察就会发现，这与前面的迷宫非常相似。

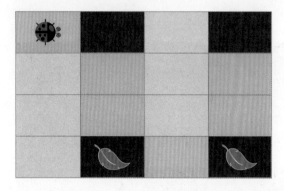

❸ 如果地板是黄色的，往前走一格即可。

❹ 遇到蓝色地板该怎么办呢？与上面的方法一样，若同时满足蓝色地板与有树叶的条件，则先原地左转，再前进一格。若只是满足蓝色地板的条件，则先原地右转，再前进一格。看出来了吗？这次的编码与前面的编码完全相同。

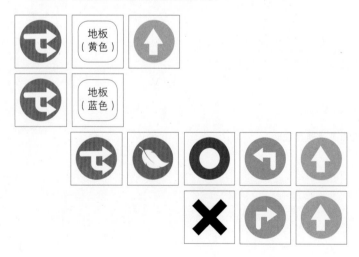

"超人要回家" 游戏

　　TIPOVER 游戏的中文名称是 "益智推推箱"，但很多玩家私下称其为 "超人要回家"，因为游戏的最终目标是让红色超人回到红色箱子上。在游戏过程中，红色超人可以将各种颜色的箱子推倒，但只能从箱子上方移动，最终抵达红色箱子。玩家要先抽取题目卡片，再将各种颜色的箱子按照题目卡片中的图示进行排列，然后用推箱子的方式为红色超人铺出道路，帮它顺利抵达红色箱子。

❶ 红色超人
❷ 不同颜色的箱子
❸ 题目卡片
❹ 地基

▲ TIPOVER 游戏器具说明

　　孩子们在玩这个游戏时，必须要思考如何有效地利用某个箱子以及推箱子的顺序，而这个过程有助于培养孩子的程序性思维（算法）能力。同时，分析各个题目卡片中的条件，也有助于锻炼孩子的数据分析能力。

机器人闯迷宫(3) 将指令组合在一起

迷宫越复杂，使用的指令卡片就会越多。若是碰到特别复杂的情况，则可以将指令组合在一起使用，这样不仅能够使指令的长度缩短，而且更加简单明了。

 游戏引导

难度：★★★
所需时间：20分钟
游戏成员：1人以上
准备物品：图卡23、
图卡24、图卡25、图
卡27、图卡29

 游戏说明

○ 游戏目标

利用函数解决问题。

○ 游戏约定

如果指令太过简短或单一，就无需使用函数。

  游戏学习重点

函数（Function）①

在这个游戏中，我们要将指令组合在一起，以函数的形式来代替。将复杂的指令组合在一起，需要时直接调用，这样就不用重复编码了。

_____

① 函数是指一连串语句命令的组合，可以独立完成程序中某一模块的任务。函数在 Scratch 编程软件中被称为"函数积木"，在一般程序语言（如 C 语言）中被称为"子程序"。

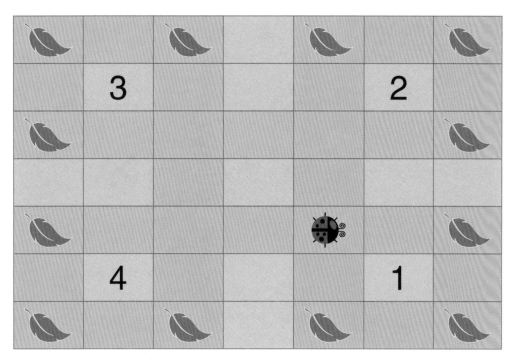

❶ 这还是 Part 03 SECTION 8 中的那个迷宫，这次我们会在指令中加入函数。

前进一格　　原地左转　　原地右转　　　定义函数　　定义函数　　调用函数
　　　　　　　　　　　　　　　　　　〈开始〉　　〈结束〉

循环开始　　循环次数　　循环结束　　　定义函数　　定义函数　　调用函数
　　　　　　　　　　　　　　　　　　〈开始〉　　〈结束〉

❷ 仔细观察瓢虫机器人的指令卡片，这次新增了"定义函数""调用函数"等指令卡片。

❸ 如上图所示，先用以前的方法排列出指令卡片，接下来将里面重复的部分用函数来定义和表示。

❹ 定义函数。现在将"前进一格，前进一格，原地右转，重复4次"的指令组合起来，定义为"函数
1"；将"原地左转，前进一格，前进一格"的指令组合起来，定义为"函数2"。卡片的具体摆
放方法如上图所示。

❺ 这样用函数就可以将数个行动指令组合在一起使用，指令变得更加精简了。

 游戏·小·提醒

把函数想象成一条由多个指令组合在一起的语句，这样会更加便于理解。这种函数可以完成某一特
定的动作，在编码需要时可以直接被调用。

利用函数解决新的迷宫问题

❶ 这次瓢虫机器人面对的是菱形迷宫。请让它收集所有的树叶，再回到原来出发的位置。

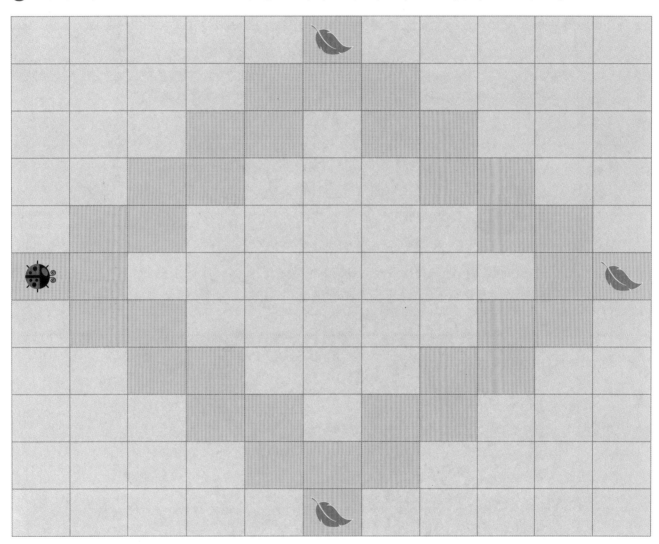

❷ 先截取出迷宫的一小部分进行观察，你会发现，瓢虫机器人只需重复"前进一格后原地左转，再前进一格后原地右转"的移动模式即可。

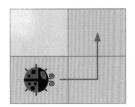

❸ 按照步骤❷的移动模式摆放指令卡片，一直重复，直到遇到树叶为止。

❹ 执行完步骤❸的指令后，机器人再"原地右转"，就可以继续重复步骤❸的指令。如果觉得理解起来有困难，可以翻回上一页，将迷宫板逆时针旋转90°，这样就可以看得更清楚了。

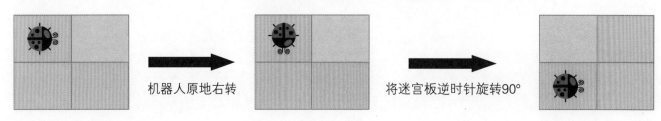

❺ 现在我们要用函数的形式将重复的指令组合起来。前面我们说过，当瓢虫机器人到达树叶区后，原地右转，就可以继续使用步骤❸的指令卡片了。因此，可以将步骤❸的指令定义为函数。

❻ 利用定义好的函数摆放指令卡片，帮助瓢虫机器人完成任务。

Lightbot 程序设计游戏

Lightbot 是一款机器人点灯的游戏。机器人要在复杂的迷宫中寻找蓝色地砖并将其点亮，正确完成点灯任务即可过关。玩家需要对机器人下达指令，帮助它找到蓝色地砖并完成点灯动作。前进、转弯、跳跃、点灯等重复的动作可以以函数的形式组合在一起。实际上，Lightbot 是一款通过指令解决问题的程序设计游戏。

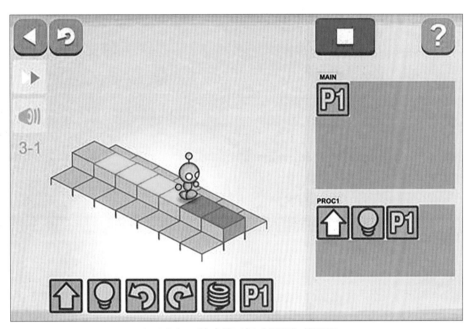

▲ Lightbot 游戏第三级"循环"的页面

这个游戏的一大特色就是可以将多个指令组合起来定义为函数，并在需要的时候随时调用。如上图所示，由于 MAIN（主要行动区）的空间有限，可放入的指令也很有限，因此，我们就可以将重复的指令组合在一起，放入 PROC1 的函数区，并将其定义为 P1。若将 P1 图标放入 PROC1 中，函数 P1 就会不断调用自己，这时再将 P1 图标放入 MAIN 中，机器人就会不断地重复执行函数 P1 中的指令，形成循环。

动动脑！玩条件设定游戏

大家都玩过猜谜游戏吧？这次大家一起来玩一玩比猜谜游戏更有趣的条件设定游戏吧！看看谁才是最后的获胜者。

游戏引导

难度：★★☆

所需时间：10分钟

游戏成员：4人以上

准备物品：图卡30、图卡31、图卡32

游戏说明

○ **游戏目标**

让小朋友通过游戏了解设定条件的方法。

○ **游戏约定**

设定的条件不能模棱两可，而要以客观性为原则，最好设定一眼就可以确认的条件。

游戏学习重点

条件设定（Condition Setting）

游戏中，当其他人说出某个条件时，自己必须根据该条件想一想结果。若是使用数字卡片进行游戏，则可以将条件设定为持有的卡片数字是奇数的人或是持有蓝色卡片的人等。

❶ 参与游戏的人数最好为 4~5 人。大家围成圈坐好后，通过"剪刀石头布"的游戏来决定发言顺序。

❷ 如同宣誓那样，大家将一只手举起来，五指张开。

❸ 大家按照顺序轮流发言。每次发言，都要说出一个让尽可能多的人弯曲手指的条件。例如：请穿牛仔裤的人弯曲一根手指。注意，每次只能要求大家弯曲一根手指。

❹ 若某人的手指全部弯曲，则被淘汰；最后一个手指没有全部弯曲的人即为胜者。

游戏小·提醒

　　设定的条件最好是一眼就能确认的条件，例如"戴眼镜的人""穿短裤的人"等；而"个子高的人"这种模棱两可的条件，要用"身高超过 140cm 的人"这种具体明确的条件来替代。在游戏过程中，参与者需要根据颜色、高度、形状等特征对事物进行分类判断，这样有助于训练大家的计算思维能力。

用数字卡片玩条件设定游戏

❶ 数字卡片分别写有 1、2、3 三个数字，每个数字的卡片都有红、蓝、黑三种颜色，以及梅花、心形、方块三种图案。也就是说，写有数字"1"的卡片分别有红色、蓝色和黑色三色，并且分别画有三种图案，共计 9 张。所有卡片共计 27 张。

❷ 游戏方法与前面的条件设定游戏相似，不过这次是用数字卡片来设定条件，即针对参与者持有的卡片提出条件。比如"持有数字 1 卡片的人，弯曲一根手指""持有黑色卡片的人，弯曲一根手指"等。手指全部弯曲的人即被淘汰，被淘汰者将手中的卡片盖在地上，不要公开卡片。

 游戏小·提醒

　　由于大家事先都知道所有卡片的信息，所以当你说"卡片数字不是 2 的人弯曲一根手指"时，持有数字 1 和 3 的人就必须弯曲手指；如果你没有弯曲手指，大家就会知道你手中的卡片是数字 2，接下来就会很容易地针对你设定条件。因此，设定条件的原则是不能让大家清楚你手中的卡片，并且让尽可能多的人弯曲手指。这就是赢得游戏的关键。

生活中的各种条件与算法

　　如果仔细观察就会发现，我们生活的周边有许多设定条件的事物，其中最具代表性的就是红绿灯。行人在绿灯亮时才能通过，红灯亮时则禁止通行，这就是根据设定条件来行动的范例。与之类似的事物还有交通指示牌，我们迷路时，可根据指示牌的指示来寻找路线。

　　在很多情况下，"条件"是必要存在的。如搭乘电梯时，必须要先按往上或往下的按钮，进入电梯后也要按下想要去的楼层按钮，电梯才会按照"条件"上行或下行至相应楼层。在自动贩卖机前，必须先选择自己想要的饮料或零食并完成付款后，目标商品才会掉出来。实际上，我们在做出选择的瞬间，就相当于设定了一个"条件"，多个条件组合起来，就形成了一套"算法"。

　　想想我们在日常生活中选择某样东西的标准吧！当我们购买衣服时，会看颜色、款式、尺寸与价格等。因此在网络上卖衣服的人，就会根据客户对衣服的颜色、款式、尺寸大小、年龄等各种条件需求，来创建和布置网店。

　　认真观察生活，搜集并分析生活中隐藏的各种条件，然后试着将这些条件（要素）抽象化，这对学习算法和提升计算思维能力会有很大帮助。另外，我们平时看见某种事物，多想一想这种事物背后的条件是什么，这对我们培养编程思维非常重要。

设定"模式"的卡片游戏

卡片游戏的种类有很多，今天我们要玩的是寻找模式的卡片游戏。请试着找出符合条件的卡片吧！

游戏引导

难度：★ ★ ★

所需时间：20分钟

游戏成员：2人以上

准备物品：图卡30、图卡31、图卡32

游戏说明

○ **游戏目标**

找出符合既定模式的卡片组合。

○ **游戏约定**

向其他人说明自己找出的卡片组合符合哪种模式。

游戏学习重点

模式识别（Pattern Recognition）

模式识别能力对于解决问题是非常重要的。认真思考这个卡片游戏的规则，并试着想一想，符合条件的模式都有哪些。

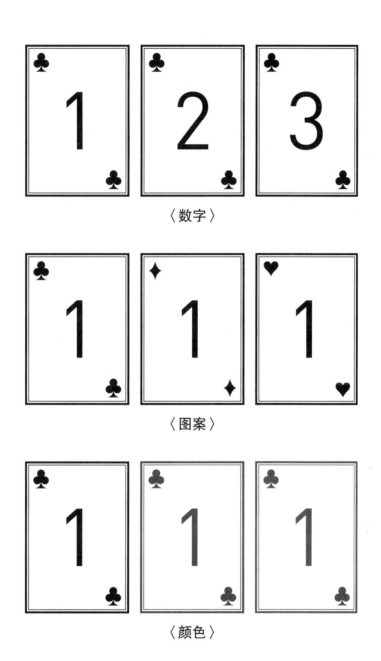

〈数字〉

〈图案〉

〈颜色〉

❶ 这些数字卡片有三个属性：第一个属性是数字（1、2、3），第二个属性是图案（梅花、方块、心形），最后一个属性是颜色（黑、红、蓝）。

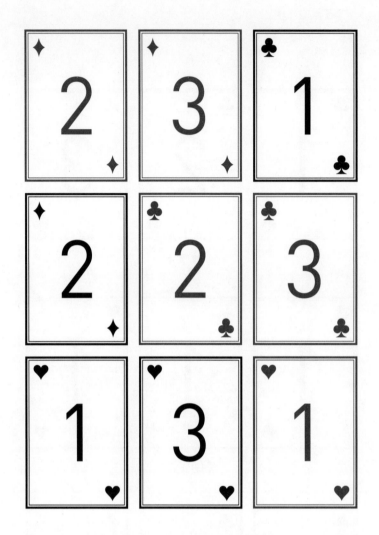

❷ 将 27 张卡片充分洗牌后，背面朝上，然后随机抽出 9 张卡片，按照上图所示摆放。然后将其他卡片叠成一沓，放在一旁。

属性	数字	图案	颜色
什么相同?			
什么不同?			

❸ 游戏规则很简单。在摆好的 9 张卡片中找出 3 张卡片，要求这 3 张卡片的每个属性都必须完全相同，或是完全不同。符合条件的卡片组合即可被称为"模式"。

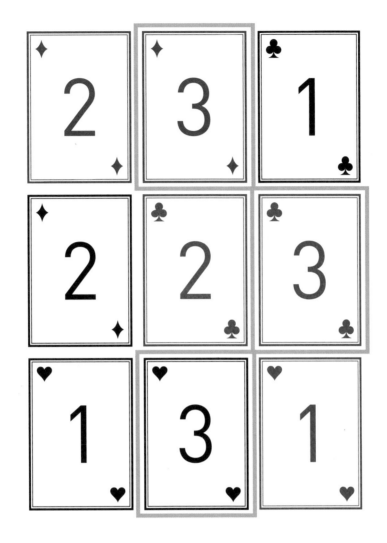

属性	数字	图案	颜色
什么相同?	○		
什么不同?		○	○

❹ 例如：观察上图的卡片，绿框中的 3 张卡片数字相同，但图案与颜色皆不同，因此这组卡片符合前面规定的模式。

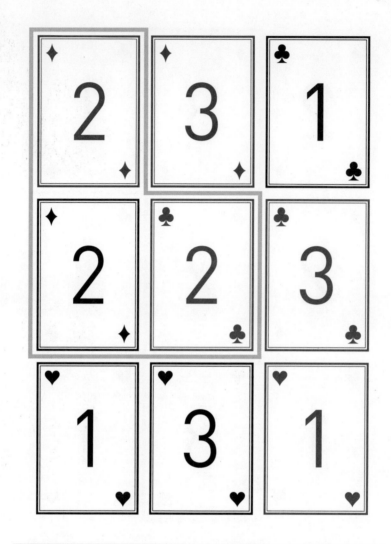

属性	数字	图案	颜色
什么相同?	○	X	
什么不同?		X	○

❺ 这里绿框中的卡片的数字完全相同，颜色完全不同，但图案有相同也有不同，因此不符合规定的模式。

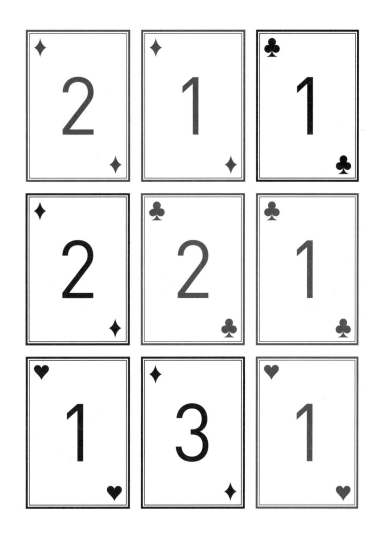

❻ 找出符合模式的卡片后，若其他人也都认同，就可以拿走一张想要的卡片。下一个游戏者则需要从旁边的卡片堆中取出一张补放在空位上，然后开始寻找。大家依次进行游戏，最后拥有卡片最多的人获胜。如果找到的卡片组合不符合规定的模式，就必须拿出自己的一张卡片放入卡片堆中。

 游戏小·提醒

如果翻牌后找不出任何符合规定模式的卡片组合，就必须将所有卡片重新洗牌并再次摆放。可以按照表格中的条件顺序逐一判断，这样会更容易找出符合模式的卡片组合。

增加卡片数量或改变游戏规则

❶ 在 12 张卡片中寻找符合模式的卡片组合。

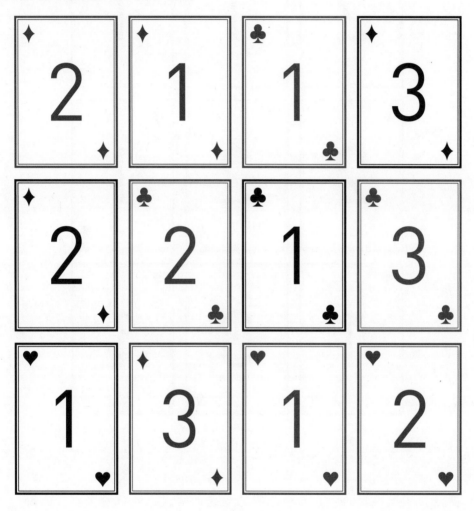

❷ 设定新的游戏规则。

〈游戏新规则〉

例：如果玩家成功找出符合规定模式的 3 张卡片，就可以拿走 1 张想要的卡片。如果玩家可以从横、竖或对角线任意一个方向上成功找出符合规定模式的 3 张卡片，就可以拿走 2 张想要的卡片。

神奇形色牌

神奇形色牌（SET）是由玛莎·法尔科（Marsha Falco）发明的一种卡片游戏。该游戏连续三年荣登《游戏杂志》（*Games Magazine*）评出的最佳游戏百强榜，在国际游戏竞赛中也屡获大奖。1991年，在世界顶级智商俱乐部——门萨协会（Mensa International）所举办的游戏竞赛中，它获选为五大最佳游戏之一。

▲ 神奇形色牌

神奇形色牌（SET）游戏总共由81张卡片组成，每张卡片有形状、颜色、底纹、数量4种属性，每种属性有3种类型。形状分为菱形、椭圆、波浪三种，颜色分为红色、绿色、紫色三种，底纹分为实心、空心及条纹三种，数量则是从1到3。

随机抽出12张卡片，并将其以3×4的排列方式放在桌上，玩家们在听到"开始"的指令后，认真盯着卡片，然后一个人挑出他认为符合条件的3张卡片，并喊出"SET"。如果他是对的，就可以将3张卡片全部拿走，然后从其余的卡片中补上3张新卡片，重新开始游戏；如果他是错的，就要将自己刚才选到的卡片放到弃牌堆里。如此不断循环，直到卡片抽完，最后谁拥有的卡片最多，谁就获胜。满足"SET"条件指的是，3张卡片的每种属性（形状、颜色、底纹与数量）必须是完全相同，或是完全不同的。举例来说，如果3张卡片的形状完全不同，数量、颜色与底纹完全相同，那么它们就符合条件。

仔细想想各种条件，然后找出满足条件的卡片组合。这个游戏不仅有趣好玩，还可以锻炼大家的反应力，以及模式识别和逻辑归纳的能力。

虚拟程序代码游戏

伪代码（Pseudo Code）是一种接近于自然语言的算法描述语言。我们可以使用伪代码将整个算法运行过程的结构用接近自然语言的形式描述出来。下面我们就使用伪代码将自己的日常行程表现出来吧！

游戏引导

难度：★★★
所需时间：20分钟
游戏成员：1人以上
准备物品：书写工具

游戏说明

○ 游戏目标

通过书写伪代码，了解算法的运作过程。

○ 游戏约定

遵守既定规则，代码要简洁扼要。

游戏学习重点

算法（Algorithm）

能够将头脑中的想法按照一定的逻辑书写出来，这对于程序设计者来说非常重要。这个游戏的目标就是使用中文伪代码将我们的日常生活按照一定的逻辑顺序描述出来。通过这个游戏，我们可以熟悉算法的流程。

❶ 想想自己每天日常生活的过程，可以用7点、9点等时间作为条件来区分一天的日常行程。

❷ 先从整体上写出一日行程的伪代码。

例

如果是早上的话
　　　起床
　　　刷牙洗脸
　　　吃饭
如果是上课时间的话
　　　准备课本
　　　认真读书
如果是清扫时间的话
　　　清扫教室
如果是晚上的话
　　　吃晚饭
　　　洗澡
　　　睡觉

顺序	伪代码（表中文字仅供参考）
1	如果时间＝7点
2	起床，然后刷牙洗脸
3	之后吃早餐
4	如果时间＝9点
5	打开课本，认真读书
6	如果时间＝17点
7	清扫教室
8	如果时间＝18点
9	吃晚饭
10	之后洗澡、睡觉

❸ 接下来将每件事情进行细分。这里以清扫教室为例，写出清扫过程的伪代码。

例

如果是清扫时间的话
  拿着扫帚
  拿着簸箕
重复10次，从教室前面扫到后面
如果有卫生纸的话
  将卫生纸扫起来
  丢进垃圾桶
整理书桌

顺序	伪代码
1	
2	
3	
4	
5	
6	
7	
8	
9	
10	

❹ 进一步细分，找出清扫过程中的重复现象，并试着写出伪代码。

例

变量，"结果"准备
循环，从1到10，逐次加1
  如果是一位数的话
  "结果"再加1
输出"结果"

顺序	伪代码
1	
2	
3	
4	
5	
6	
7	
8	
9	
10	

 游戏小·提醒

一般而言，伪代码应该用 if、var、loop、print 等与程序语言相似的形式书写，但为了让孩子们更容易理解，这里改用中文的"如果（if）、变量（var）、循环（loop）、输出（print）"来书写。另外，这里的代码缩进表示程序中的分支程序结构，这也与程序语言 Python 相同。程序设计就是将一件事情拆分并找出模式，设计出算法，因此多练习写伪代码，对学习程序设计很有帮助。

程序设计流程图

　　我们可以用自然语言（Natural Language）、流程图（Flowchart）、伪代码、程序设计语言等多种方式来描述算法。自然语言也就是我们日常生活所用的语言，它会随地域、文化的不同而发生改变，就像写食谱一样，算法也可以用日常生活语言设计完成。而流程图则是利用文字符号和代表不同执行步骤的图形所绘制出的图画。

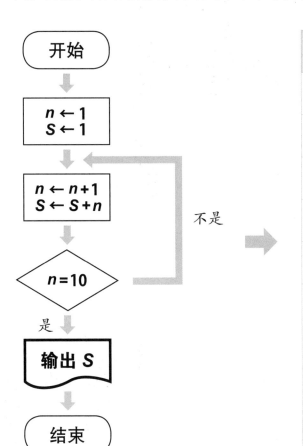

$n=n+1$	$S=S+n$
$n=2$	$S=1+2=3$
$n=3$	$S=3+3=6$
$n=4$	$S=6+4=10$
$n=5$	$S=10+5=15$
$n=6$	$S=15+6=21$
$n=7$	$S=21+7=28$
$n=8$	$S=28+8=36$
$n=9$	$S=36+9=45$
$n=10$	$S=45+10=55$

　　流程图是一种常用的算法表达工具，其特点是画法简单，结构清晰。上面的流程图属于循环结构，n 会从 1 逐渐增加到 10，S 也会随之发生变化。当 $n=10$ 时，循环就会中止，并且输出 S。

创作动感手舞

你在学校举办的晚会中表演过舞蹈吗？你在排练舞蹈的时候，是每次都将舞蹈从头到尾排练一遍，还是将舞蹈切分成几个部分来进行排练呢？

游戏引导

难度：★★★
所需时间：30分钟
游戏成员：2人以上
准备物品：无

游戏说明

○ **游戏目标**

自己试着创作一支动感手舞。

○ **游戏约定**

可以用力拍打桌面或物品，但不要嬉闹喧哗。

游戏学习重点

算法（Algorithm）

将一些简单的动作进行排列组合，就能创作出一支完整的手舞。事实上，算法的编写过程与之非常相似哦。

❶ 先想一想自己要用哪些动作来创作动感手舞，然后将这些动作分为开始的动作、中间的动作和结尾的动作，再配上图画并加以说明。例如：用手掌拍打桌面两次、用手肘敲击桌面两次、拍手两次等。

动作	将动作画出来	说明
〈开始〉 用手掌拍打桌面	 	用手掌拍打桌面两次
〈中间〉 用手肘敲击桌面	 	用手肘敲击桌面两次
〈结尾〉 拍手	 	拍手两次

❷ 继续加入各种动作，比如双臂交叠、双臂伸展、将手举过头顶或肩膀、手掌握拳或张开等。

动作	将动作画出来	说明
用手掌拍打桌面	 ×2	用手掌拍打桌面两次
用手肘敲击桌面	 ×2	用手肘敲击桌面两次
两臂呈直角	 ➡	举起右臂，然后微微抬起左臂，将两臂摆成直角状，然后左臂慢慢抬高
逆时针转动双臂		两臂再次形成直角后，保持角度不变，做逆时针转动
右臂下移		慢慢将右臂下移
双臂交叠		慢慢将左臂放下，双臂交叠
拍手	 ×2	拍手两次

❸ 再试着加入几组重复的动作，然后与朋友一起练习吧!

动作	将动作画出来	说明
用手掌拍打桌面	 ×3	用手掌拍打桌面三次
用手肘敲击桌面	 ×3	用手肘敲击桌面三次
两臂呈直角	  ➡	举起右臂，然后微微抬起左臂，将两臂摆成直角状，然后左臂慢慢抬高
逆时针转动双臂		两臂再次形成直角后，保持角度不变，做逆时针转动
右臂下移		慢慢将右臂下移
双臂交叠		慢慢将左臂放下，双臂交叠
拍手	 ×3	拍手三次

根据歌词，创作一支充满动感的舞蹈。

歌词	将动作画出来	说明

会跳舞的机器人

　　你见过机器人跳舞吗？看着机器人按照设定好的动作跳舞，是不是感到既神奇又有趣呢？那么你知道机器人是怎么跳舞的吗？

　　让机器人跳舞，还真不是一件简单的事。首先在机械构造上已经足够困难，而在程序设计上则更为复杂。大到整支舞蹈的动作编排，小到每个动作细节的设计，都必须事先规划设定好。对人类来说，将手举起来或放下是非常简单的动作，但是对机器人来说，这些动作可不简单。尽管机器人可以完成许多不可思议的动作，但所有的动作都必须通过程序来控制，即使这些看似"简单"的动作也不例外。

　　当很多人一起跳舞或做相同的动作时，必须要经过认真刻苦的训练才能做到动作一致，但是机器人在这方面就很有优势。只要编写出一套机器人跳舞的算法，让所有的机器人执行相同的程序，它们就可以做出整齐划一的动作了。

Part 04

学习计算机科学新概念的不插电游戏
游戏材料

① 用手电筒暗号传递情报

手电筒、迷你白板、白板笔、图卡 33

② 解开时钟的秘密

迷你白板、白板笔、图卡 34

③ 秀一秀我的心情

图卡 35、图卡 36、图卡 37、图卡 38、图卡 39

④ 找出最重的橡皮

4 块大小不同的橡皮、天平

⑤ 操练士兵玩偶

4 个卫生纸纸芯、剪刀、彩笔、固体胶、图卡 40

用手电筒暗号传递情报

SECTION 1

想要向远处的朋友传递信息，该怎么做呢？下面我们就试一试用手电筒暗号来传递信息吧！

游戏引导

难度：★★★

所需时间：20分钟

游戏成员：2人以上

准备物品：手电筒、迷你白板、白板笔、图卡33

游戏说明

○ **游戏目标**

帮助小朋友了解二进制的原理。

○ **游戏约定**

不要用手电筒直射别人的脸。

游戏学习重点

二进制（Binary）

这是一个利用开关手电筒来传递信息的游戏。将手电筒打开和关闭，只要运用这两种动作就能将信息传递给别人。在这个过程中，小朋友会逐渐了解计算机储存信息与传递信息的二进制原理。

不插电！神奇的编程游戏

❶ 准备好手电筒和相关物品。

❷ 根据手电筒打开和关闭的动作来设计数字暗号。例如，关灯代表数字0，开灯代表数字1，短暂打开又关闭灯代表数字2。

❸ 在黑暗的地方，两人各自找好位置。两人的距离最好远一些，这样可以更好地收发信息。

❹ 一人用手电筒发信息，一人根据设计好的手电筒暗号写下收到的信息。

游戏小·提醒

周围越暗越好，因为只有在暗处才能更好地接收到手电筒的灯光信号。

加上思考力

暗号转译

① 将设计的暗号由数字改为英文字母，也可以改为简短的英文单词。

② 根据上面设计的字母暗号，试着传达英文单词信息。举例来说，关灯代表字母 A，开灯代表字母 B，短暂打开又关闭灯代表字母 C。

SOS 和摩斯密码

在影视剧中，当主角遇到危险时，常常会留下 SOS 的求助信号。SOS 究竟是什么意思呢？其实最初在制定摩斯密码（Morse Code）规范时，SOS 并没有特殊的含义，S 是三短音"●●●"，念成"滴滴滴"；O 是三长音"■■■ ■■■ ■■■"，念成"答答答"。SOS 就是"三短音、三长音、三短音"，由于它简短明确、连续而富有节奏，易于拍发和阅读，也非常好记，因此就成了紧急求助的信号。

以前国际上普遍使用 CQD（Come Quick Danger）作为求救信号，但它在有杂音干扰的情况下不易辨别，于是在 1905 年德国政府制定的无线电管理条例中，SOS 第一次被用作标准求救信号，并于 1906 年 11 月 3 日成为国际标准的求救信号。下图是摩斯密码，各位可以熟悉一下，说不定某一天遇到危险时，就能够派上用场。

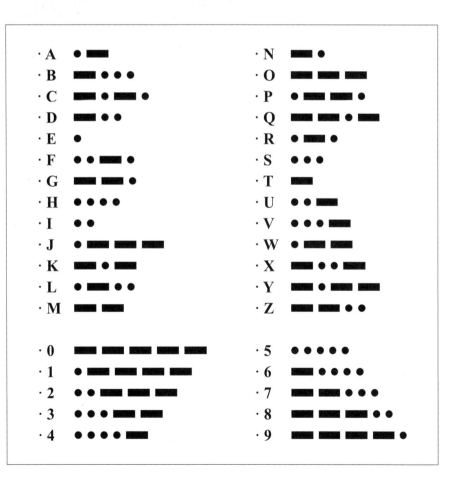

解开时钟的秘密

这里有一个非常特别的时钟。你能试着解开这个时钟的秘密，并说出现在是几点几分几秒吗？

7时 55分 31秒

游戏引导

难度：★★★
所需时间：20分钟
游戏成员：2人以上
准备物品：迷你白板、
白板笔、图卡34

游戏说明

○ **游戏目标**

利用二进制时钟来了解二进制的原理。

○ **游戏约定**

找出解读时间的规则。

游戏学习重点

二进制（Binary）

对于二进制时钟，我们可以根据它每个数字位置上灯的状态来解读出时间。这个游戏的目标是教会大家解读二进制时钟的方法，小朋友可以通过这个游戏来进一步理解计算机存储和处理信息的二进制原理。

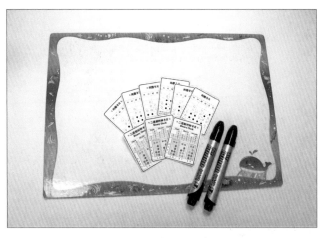

① 准备好游戏道具。

二进制时钟卡片
Binary Clock

Hours		Minutes		Seconds	
	8		8		8
	4	4	4	4	4
2	2	2	2	2	2
1	1	1	1	1	1

	H H	M M	S S
8			
4			
2			
1			
	1 0	3 7	4 9

② 认真观察二进制时钟卡片，熟悉二进制时钟的解读方法。

❶ 英文字母 H、M、S 分别表示时、分、秒，各有两列，左列表示十位，右列表示个位。

❷ 以左图为例：先看 H，左列中 1 的位置亮灯，表示 10；右列中没有一个灯是亮的，就表示 0。因此，两列合起来就表示"10 点"。

❸ 再看 M，左列中 1 和 2 的位置亮灯，1+2=3，表示 30；右列中 1、2、4 的位置亮灯，1+2+4=7，表示 7。两列合起来就表示"37 分"。

❹ 最后看 S，左列中 4 的位置亮灯，表示 40；右列中 1 和 8 的位置亮灯，1+8=9，表示 9。两列合起来就表示"49 秒"。

问题卡片

H	H	M	M	S	S
	○		○		●
	○		●		
○	●	○	○		●
○	●	●	●	●	●

现在是几点几分几秒？
说明一下解读时钟的方法吧。

③ 解读二进制时钟问题卡片。上图的二进制时钟表示几点几分几秒呢？

④ 请和朋友一起解读图卡 34 中的二进制时钟问题卡片。

注：2^0=1，2^1=2，2^2=4，2^3=8，二进制时钟上的数字"1、2、4、8"据此而来。

自己绘制二进制时钟

❶ 自己可以在白板上画出二进制时钟，让朋友来解读。

❷ 解读方法与前面相同。通过与朋友一起玩二进制时钟卡片游戏，你会对二进制理解得更加深入。

游戏小·提醒

　　等到大家都掌握了二进制时钟的解读方法，就能玩抢答游戏了。可以与朋友各分一半的卡片，互相出题，规定最先解答出来的人获胜；也可以由一个人出题，其他两个人抢答，谁先说出正确答案，即为获胜者。

二进制时钟

　　真的存在二进制时钟吗？当然啦！现在市面上就有卖二进制时钟的，也有人买这种时钟。对大多数人来说，二进制时钟如同天书，根本看不懂，但对掌握方法的人来说，看出时间并不难。你现在已经掌握了解读二进制时钟的方法，相信只要多加练习，就能一眼读出时间。

　　计算机使用的就是二进制系统，虽然我们在计算机屏幕上看到的都是十进制数，但在计算机中存储的是二进制数，也就是说，计算机是用 0 和 1 来储存和处理数据的。学习解读二进制时钟的方法，有助于加深我们对计算机二进制系统的理解。经过前面的游戏，相信大家应该会对计算机更加了解了吧？

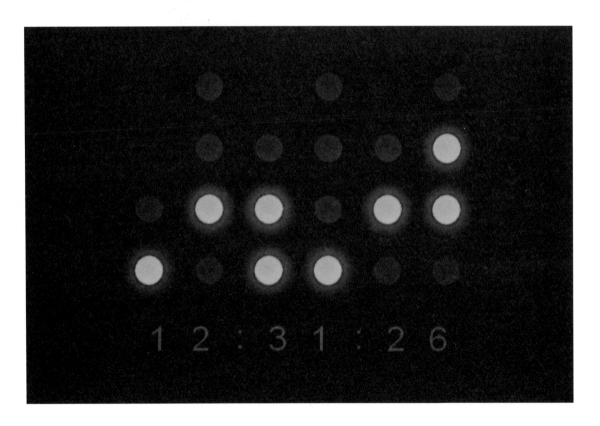

秀一秀我的心情

人的心情往往很难像体重一样被准确地测量。遇到幸福指数或心情状态这类抽象的信息时，计算机该如何处理呢？

难度：★★★

所需时间：20分钟

游戏成员：1人以上

准备物品：图卡35、图卡36、图卡37、图卡38、图卡39

游戏说明

○ **游戏目标**

将抽象的信息符号化。

○ **游戏约定**

请记住计算机是将图画与文字等信息以 0 和 1 的方式储存的。

游戏学习重点

抽象信息符号化（Symbolization of Abstract Information）

这个游戏是对计算机处理抽象信息的简单模拟，其目的是通过将心情状态和天气状况转化成数字信息，帮助大家了解计算机是如何通过 0 和 1 的方式将各种信息进行符号化的。

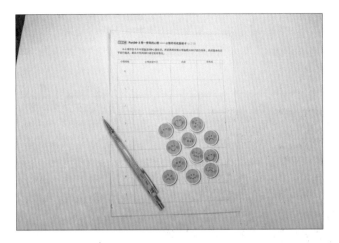

① 准备好游戏道具。

② 从心情状态卡片（图卡35）中，挑选出8种心情状态。

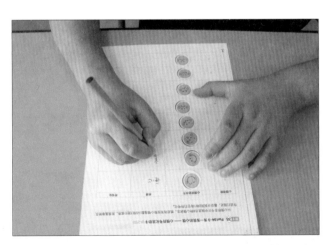

③ 将这8种心情状态按照心情指数从0到7进行排序，并依次粘在心情符号化活动卡（图卡38）上。

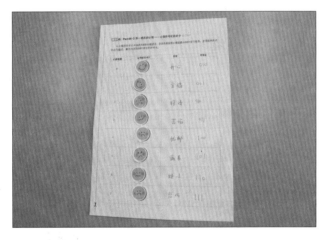

④ 在心情符号化活动卡的内容栏里简单描述各种心情状态，并分别用0和1将这8种心情状态符号化。

游戏小·提醒

　　通过这个游戏，我们可以了解计算机是如何处理心情状态等抽象信息的。举例来说，心情指数0是指心情大好，幸福感十足，以000来表示；心情指数7则是指心情忧郁，情绪低落，以111来表示。其他的心情状态也分别用0和1组成的三位数来表示。

换个方式预报天气

❶ 这是将天气状况符号化的游戏。

❷ 先从天气状况卡片（图卡 36）中挑选出 8 种天气状况，接着将这 8 种天气状况从 0 到 7 进行排序，并依次粘在天气符号化活动卡（图卡 39）上，最后在天气符号化活动卡的内容栏里简单描述各种天气状况，并分别用 0 和 1 将天气状况状态符号化。具体的方法和前面相同。

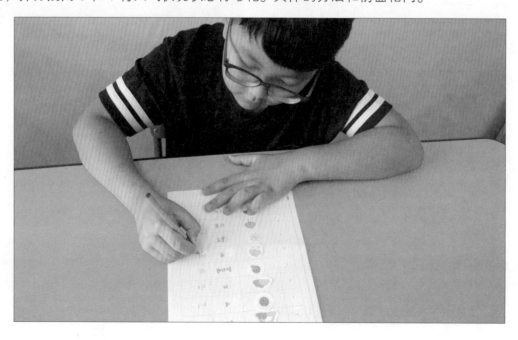

认识有趣的图标

　　图标（Icon）是将重要的情况或场所以图像表示，不论是谁看到都能清晰地了解其所代表的含义。尤其是对因语言差异而沟通不便的外国人来说，图标就显得非常重要，因此它被广泛地应用于外国人频繁出入的机场或著名的观光景点。

　　图标的作用是通过简洁的图形符号传达出某种意思或表现出某个场景，让不了解当地语言和文字的人也能一眼看出它们的含义。国际上也规定了几种图标的表现形式。

　　事实上，图标就是将抽象信息符号化的一种表现，即经过抽象化思考，提取出任何人都能够理解的核心要素，并用符号表现出来。

▲ 国际通用的公共图标

找出最重的橡皮

桌上有各种不同形状与大小的橡皮，哪一块是最重的呢？不要相信直觉，用天平比较一下它们的重量，再根据重量进行排序。

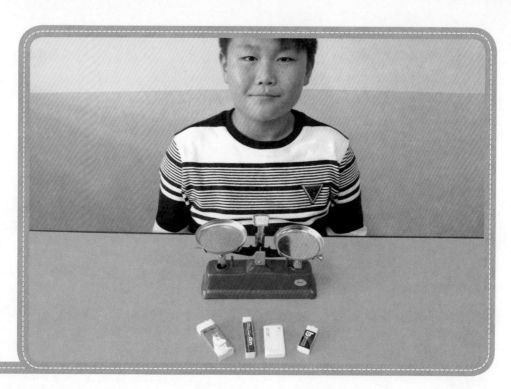

游戏引导

难度：★★★

所需时间：20分钟

游戏成员：1人以上

准备物品：4块大小不同的橡皮、天平

游戏说明

○ 游戏目标

通过排序游戏学习选择排序法。

○ 游戏约定

确保4块橡皮的重量各不相同。

游戏学习重点

选择排序（Selection Sort）

这是一个将橡皮按照重量排序的游戏。排序的方法有很多种，这个游戏使用的是选择排序法。其原理是每一次从待排序的橡皮中选出最轻的一个，依序放在已排好序的橡皮后面，直到全部橡皮排完。

❶ 准备好游戏所用的物品。

a	b	c	d
2	4	1	3
2	4	1	3
1	4	2	3
1	4	2	3

❷ 将4块橡皮排成一列，假设从左到右的四个位置分别为a、b、c、d。先比较位于a处的橡皮与位于b处的橡皮的重量，将较轻的橡皮放在a处，较重的橡皮放在b处。之后再将a处的橡皮分别与c、d两处的橡皮比较重量，方法与上面相同。

1	4	2	3
1	2	4	3
1	2	4	3

❸ 这次将b处的橡皮分别与c、d两处的橡皮比较重量，重量较轻的橡皮放在b处。

1	2	4	3
1	2	3	4

❹ 最后将c处的橡皮与d处的橡皮比较重量，重量较轻的橡皮放在c处。

游戏小·提醒

　　将橡皮依照重量排序的方法有很多种，我们在这里采用的方法叫作选择排序法。小朋友玩游戏时，一定要按照上面的方法给橡皮排序。

加上思考力

比比看，谁最重！

① 也可以用其他物品替代橡皮，用同样的方法为它们排序。

② 排好序了吗？用这个方法能够解决很多物品的排序问题。

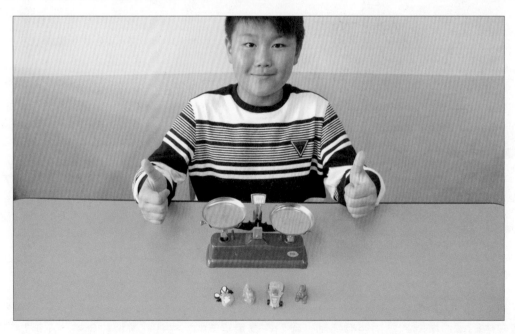

通过民族舞蹈理解选择排序法

你曾经跳过民族舞（Folk Dance）吗？民族舞又被称为民俗舞或土风舞，是一种世代流传的，代表自己国家或地域民族风情的独特舞蹈。许多民族舞蹈会互相交换舞伴，并且重复同样的动作，所以学起来比较容易，跳起来也比较有趣。

扫描右下方的二维码，即可观看极具异域风情的民族舞蹈。这个民族舞蹈可以帮助我们更加形象地理解选择排序法。

请仔细观看这个舞蹈视频，看一看这些舞者是如何交换舞伴的，然后想一想他们使用的方法与我们前面学习的选择排序法有什么联系。网上还有一些使用冒泡排序和插入排序等其他排序法的民族舞蹈视频，有兴趣的朋友可以自行搜索观看。

▲ 扫码看视频

操练士兵玩偶

先用卫生纸的纸芯做几个士兵玩偶，将其随意排列，然后按照文中的排序方法重新为它们排序。

游戏引导

难度：★★★

所需时间：20分钟

游戏成员：1人以上

准备物品：4个卫生纸纸芯、剪刀、彩笔、固体胶、图卡40

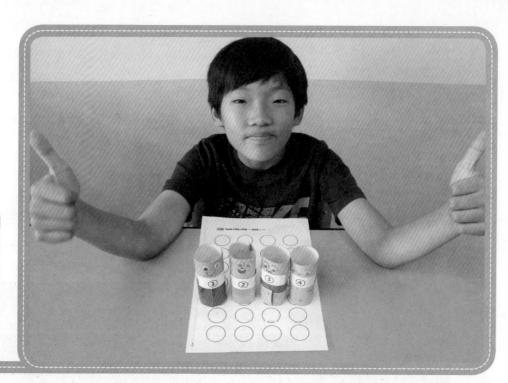

游戏说明

○ **游戏目标**

通过排序游戏学习冒泡排序法。

○ **游戏约定**

想一想这个排序法与前面的排序法有什么不同。

游戏学习重点

冒泡排序（Bubble Sort）

和上个游戏一样，这也是一个排序游戏，不过这次使用的排序方法与前面的不同。通常我们只要看到数字就能够将其按照大小进行排序，但计算机却是根据某种算法来排序的。这个游戏中采用的冒泡排序法就是一种简单且容易操作的排序算法。

不插电！神奇的编程游戏

❶ 用卫生纸的纸芯等材料制作 4 个士兵玩偶，并为它们分别编上 1—4 的序号。

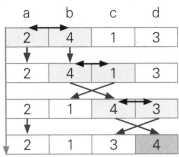

❷ 随意将士兵玩偶排列在排序板上。依次比较相邻两个士兵的编号，将编号小的士兵放左边，编号大的士兵放右边。如左图所示，即首先比较 a 和 b 处士兵的编号，然后比较 b 和 c 处士兵的编号，最后比较 c 和 d 处士兵的编号，每次都要根据比较结果，将编号小的士兵放左边，编号大的士兵放右边。

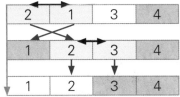

❸ 经过前一轮的排序之后，编号最大的士兵已经排在了 d 处，因此这一轮只需比较前面三个位置的士兵即可。如左图所示，使用前面的方法依次比较 a、b、c 三处的士兵编号。

❹ 经过前两轮排序之后，编号第二大的士兵已经排在了 c 处，因此这一轮只需比较前面两个位置的士兵即可。如左图所示，使用同样的方法比较 a、b 两处的士兵编号。这样士兵玩偶就按照编号从小到大排列好了。

游戏小·提醒

这个游戏不仅可以让孩子动手做玩偶，还可以帮助其学习冒泡排序法，既能提高动手能力，又能提高动脑能力，真是一举两得！当然，也可以用家里现有的玩偶来代替纸芯士兵，并给玩偶贴上编号。

向左看齐，按照编号排序！

❶ 可以用其他物品代替纸芯士兵，用同样的方法为它们排序。

❷ 排好序了吗？只要用这个方法就能给任何物品排序。

用冒泡排序法换位置

我们可以使用冒泡排序法，和班上的小朋友一起玩排序游戏。先让贴有数字号码牌的小朋友随意排成圆圈坐下来，然后选定一人为起点，请他与旁边的小朋友比较一下号码牌上的数字大小，如果他的数字比对方大，则与之换位置，如果他的数字比对方小，则不换位置。按照这个方法依次比较。最好放一些轻快的音乐，让小朋友边听音乐边玩游戏。这样的游戏是不是很有趣呢？

❶ 以 8 为起点，8 与 32 比较，8 比 32 小，所以两者不换位置。

❷ 32 与 14 比较，14 比较小，所以两者换位置。

❸ 14 与 32 位置对调后，排成 8、14、32 的顺序。

❹ 重复此方法，继续进行排序。

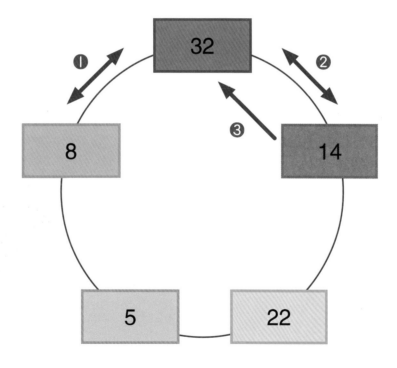

Part 04 学习计算机科学新概念的不插电游戏 **221**

制作立体分形卡片

大家在圣诞节时，做过立体卡片吗？现在我们就来制作一个不断重复自身模式的立体分形卡片吧！

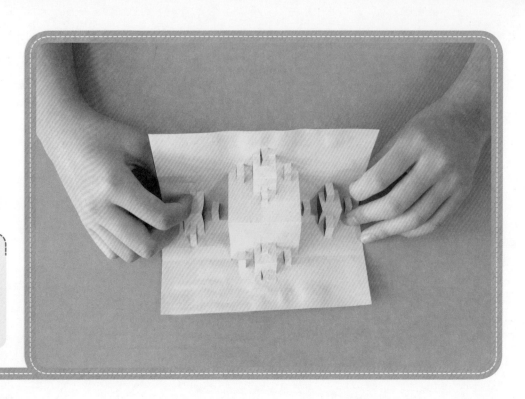

游戏引导

难度：★ ★ ★

所需时间：30分钟

游戏成员：1人以上

准备物品：彩纸数张、
剪刀、固体胶

游戏说明

○ 游戏目标

通过制作立体分形卡片来理解递归的概念。

○ 游戏约定

使用剪刀时请小心，避免受伤。

游戏学习重点

递归（Recursion）

反复使用同样的方法制作出若干个与整体几何形状相似的局部几何图形，就可以制作出一张立体分形卡片。大家可以借助这个游戏来理解重复模式和递归的概念。递归是指一个函数在程序运行中反复参考并调用自身的现象。不好理解吗？那就赶快来制作吧，或许你就能轻松理解了。

❶ 准备好制作卡片的工具和材料。

❷ 将一张彩纸对折。

❸ 如图所示，将对折的彩纸折成三等分，再对折，然后将相连的半折剪成三等分。

❹ 将彩纸打开，然后将中间部分往内折。

 游戏·小·提醒

三等分时要拿捏准确，并精确地将中间部分向内折进去，这样做出来的卡片才会漂亮。

❺ 接着对三等分的每个部分重复上面的步骤。即先折成三等分再对折，然后将相连的半折剪成三等分，最后中间部分往内折，方法与前面一样。

❻ 将彩纸打开，立体图形变得更加复杂了。

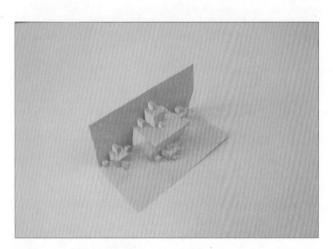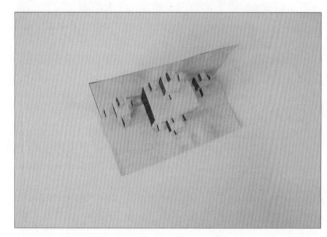

❼ 继续重复步骤❺。

❽ 最后再取一张彩纸对折，将刚刚剪好的立体彩纸粘在里面。立体分形卡片大功告成！

寻找生活中的分形设计

你认真观察过蕨类植物的叶子吗？叶子的每一个小部分，与其集合起来形成的总体具有相似的形状。和蕨类植物的叶子一样，有些几何形状的局部与它的整体具有一定程度的相似关系，这样的几何形状就叫作分形（Fractal）图形。无论是放大还是缩小，分形图形都会出现与原图形相似的结构，这就是分形几何的特征——自我相似。这种不规则的分形几何构造，不只存在于自然界的物种中，在数学分析、生态统计和宇宙空间的运动模型中，也都可以发现它的身影。

我们还可以将分形结构运用在设计上，创作出独特的几何视觉艺术。分形的设计可以用 Photoshop 或 Illustrator 等绘图软件制作。绘制方法就是复制基本形态，慢慢由小到大，拉长扩张。想要挑战一次试试看吗？

用吸管制作旋转木马

你在游乐场坐过旋转木马吗？你知道旋转木马是如何一上一下运行的吗？下面我们就通过制作旋转木马的模型来了解一下它的运行原理吧！

游戏引导

难度：★★★
所需时间：40分钟
游戏成员：1人以上
准备物品：可弯曲吸管、剪刀、胶带、图卡41、图卡42

游戏说明

○ 游戏目标

通过制作旋转木马理解自动装置的概念。

○ 游戏约定

使用剪刀时，请小心不要伤到手。

游戏学习重点

自动装置（Automata）

这个游戏旨在通过制作旋转木马来了解自动装置的概念。自动装置指的是可以自动运转的机器，尤其是指那些无需人力持续调整就可以自己运行的自动机器人。现在就动手来试试看吧！

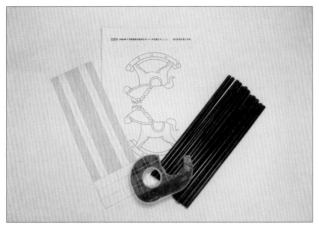

❶ 准备好制作旋转木马的工具和材料。

❷ 如上图，用胶带将吸管粘成一个正方体。

❸ 为了不让旋转木马掉落，在最上面制作支架。

❹ 分别在正方体的左面和右面制作支架，以便插入把手。

❺ 利用可弯曲的吸管来制作旋转木马的旋转把手。首先准备两根弯曲的吸管，均裁剪成6cm左右的长度。然后将两根吸管向反方向弯曲，并用胶带粘起来，这样一侧的旋转把手就做好了。

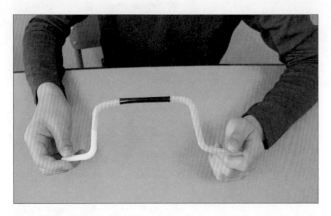 

⑥ 用上面的方法制作出两个旋转把手，然后再用一段长约 5cm 的直吸管将两个把手连接起来，做成一个完整的把手。将其插入到旋转木马的正方体支架后，再对把手的两端进行适当地剪裁，使其能够灵活地旋转。

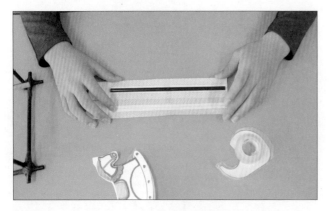 

⑦ 将木马图片卡（图卡 41）与连接棒（图卡 42）剪下来。用胶带将吸管粘在连接棒上。

⑧ 将旋转木马粘在连接棒上，然后将连接棒底端缠在旋转把手上，再用胶带粘贴固定。

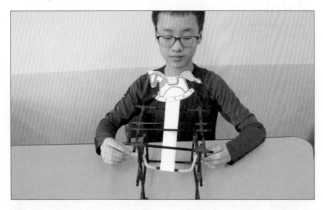

⑨ 这时转动把手，就可以看见木马上下移动的样子了！

游戏小·提醒

制作把手的时候，要注意把手的宽度应该刚好适合整个木马支架的宽度。因为把手太长的话就不能正常转动，把手太短的话就无法插入支架，所以最初剪吸管的时候可以稍微留长一点儿，然后再根据支架的宽度进行调整。

神奇的日本机关人偶

机关人偶又叫发条人偶，是以日本传统工艺制造出来的一种人偶。由于人偶内部设置有自动装置（机关），因此它能够做出一些人类的动作。18—19世纪，西洋的发条时钟首次传入日本，其精巧的结构令日本人赞叹。此后，日本的人偶工艺师借鉴了时钟内部的机械原理，制作出了许多更加精巧多元的机关人偶。例如有可以运送茶汤的奉茶童子、会写毛笔字的人偶，甚至还有会射箭的射箭童子，其精密程度令人叹为观止。

机关人偶大致可分成三大类，分别为舞台上表演使用的舞台人偶、家里使用的座敷人偶和祭典上使用的花车人偶。日本江户时代是机关人偶最盛行的时代，发明家与工艺师共同创造和制作出了无数精巧细致、令人惊艳的机关人偶。若能亲眼看到这种神奇的机关人偶，那可真是一件令人兴奋的事！

制作 VR（虚拟现实）眼镜

你曾经梦想过做一名宇航员在宇宙中遨游吗？光是想象一下就很令人兴奋吧！现在我们就戴着 VR 眼镜，进入虚拟世界中体验一番吧！

游戏引导

难度：★★☆
所需时间：30分钟
游戏成员：1人以上
准备物品：固体胶、剪刀、胶带、图卡43

游戏说明

○ **游戏目标**

通过制作 VR 眼镜来了解虚拟现实的概念。

○ **游戏约定**

戴上眼镜后无法看到前方的景象，因此要特别小心。

游戏学习重点

虚拟现实（Virtual Reality）

这是一个通过制作 VR 眼镜来体验虚拟想象世界的游戏。虚拟现实技术是利用计算机制作出具有某种特殊情境的假想世界，并且让人感觉仿佛真的置身其中。虽然这个游戏中的虚拟世界是以图画绘制出来的，但只要发挥想象力，照样能够享受到其中的乐趣。

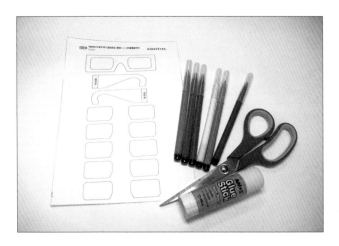

❶ 准备好制作 VR 眼镜的工具和材料。

❷ 剪下 VR 眼镜制作卡（图卡 43）中的各部分
眼镜部件。

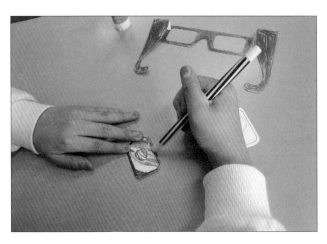

❸ 充分发挥想象力，在镜片卡的正反两面画出
相同的的宇宙太空情景。

❹ 将镜片卡粘在眼镜上，然后粘好镜腿。这时
戴上眼镜就能看到你画的太空景象啦！

畅游虚拟世界

❶ 不一定要画宇宙太空的情景，你可以尽情发挥想象力，描绘出自己向往的世界。

❷ 画完后戴上 VR 眼镜，试着想象自己置身于那个世界的情景。

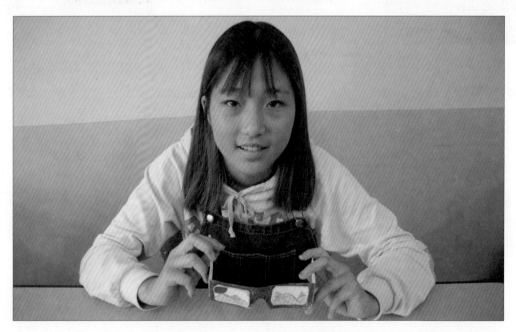

利用虚拟现实技术学习灾难现场的安全防护知识

　　你看过电影中的主角戴着外形奇特的大眼镜，双手在空中不停挥舞的情景吗？这就是虚拟现实（Virtual Reality）的展现。虚拟现实也被称为虚拟技术、虚拟环境，是20世纪发展起来的一项全新技术，它利用计算机程序模拟产生一个三维空间的虚拟世界，并运用特殊的眼镜和手套，提供给用户关于视觉、听觉、触觉等感官的模拟，让用户感觉仿佛身临其境，可以即时、没有限制地观察三维空间内的事物。

　　也许老师或父母教过你遇到灾难时应该怎么做，但是如果真的遇到火灾、水灾或地震等灾难，你能立即想起来这些学过的安全防护知识吗？

　　如果不只是听或看，而是能真正身处灾难现场，并在现场学习安全防护知识，应该会更有效果吧？在日本，人们就利用虚拟现实技术来体验虚拟的灾难现场，并学习如何应对和处理灾难情况。我们若能更真实地了解灾难情况，相信就能更好地躲避灾难，对吧？

制作 AR（增强现实）眼镜

这次我们要体验的不是虚拟场景，而是现实场景和虚拟场景相结合的增强现实场景。增强现实和虚拟现实有哪些区别呢？通过这个游戏来认真思考一下吧！

游戏引导

难度：★★☆
所需时间：30分钟
游戏成员：1人以上
准备物品：透明膜片、
固体胶、剪刀、胶带、
图卡44

游戏说明

○ 游戏目标

通过制作 AR 眼镜来了解增强现实的概念。

○ 游戏约定

可以将上一个游戏中的 VR 眼镜改造成 AR 眼镜。

游戏学习重点

增强现实（Augmented Reality）

增强现实是一种将真实世界和虚拟世界无缝结合的新技术，是把原本在现实世界很难体验到的虚拟信息通过计算机等科学技术的仿真模拟，叠加到真实世界，并被人类感官所感知，从而达到超越现实的感官体验。简而言之，就是将真实的环境和虚拟的物体叠加到同一个画面或空间里。

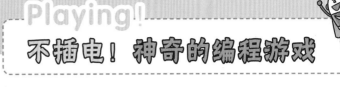
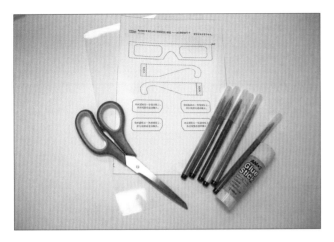

❶ 准备好制作 AR 眼镜的工具和材料。

❷ 用剪刀将 AR 眼镜制作卡（图卡 44）中的各部分眼镜部件剪下来。若前面已经做过 VR 眼镜，也可以直接将其改造成 AR 眼镜。

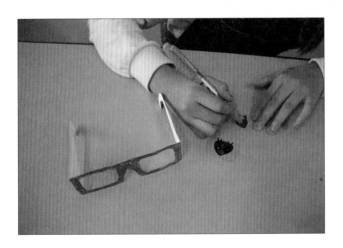

❸ 将自己喜欢的动漫角色画在透明膜片上。

❹ 将画好的透明膜片贴在镜片框上，然后戴上眼镜即可。

游戏小·提醒

　　VR 眼镜是将图案绘制在纸上，AR 眼镜则是将图案画在透明膜片上，这是为了在现实场景中再加入虚拟物体。各位也可以由此思考一下虚拟现实与增强现实之间的差异。

令人惊奇的增强现实技术

❶ 不一定非要画动漫角色！可以想想，自己希望在现实世界中看到哪些意想不到的事物，然后将其画出来。

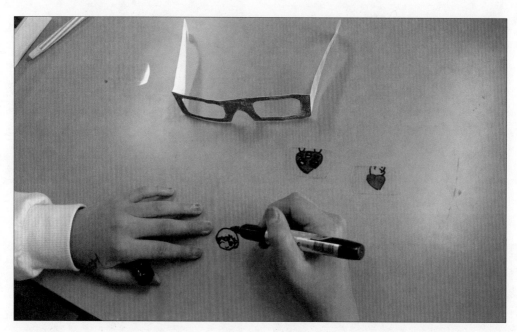

❷ 画完后，戴上 AR 眼镜，就可以看到自己创作的角色或物品出现在现实场景里。

《精灵宝可梦 GO》—— 最给力的 AR 游戏

你听过或玩过《精灵宝可梦 GO》(Pokémon Go)吗?《精灵宝可梦 GO》是由任天堂公司、口袋妖怪公司和 Niantic Labs 公司联合制作开发的 AR 宠物养成对战类RPG(角色扮演)手游,其中口袋妖怪公司负责设计游戏故事内容,Niantic 负责为游戏提供 AR 技术,任天堂公司负责游戏开发和全球发行。游戏玩家可以在现实生活场景中寻找虚拟的精灵宝可梦,捕获并且训练它们。玩家之间还可以相互交易宝可梦。

这款 AR 游戏一上市便受到众多玩家的追捧。只要是宝贝出没的地区,都会迅速聚集一群宝迷(宝可梦爱好者),即使是在深夜也能看到这些抓宝人士的身影。这种利用增强现实技术将全世界都变成游戏场的想象……不!现在不只是想象,已经成为现实了。相信未来会有越来越多好玩的 AR 游戏问世。你不妨也开动一下脑筋,试着创作出一款增强现实的游戏吧!

空气会生水！解密 Warka Water 技术

你听说过可以"凭空生水"的 Warka Water 吗？这是一种为生活在非洲水资源匮乏地区的居民量身定制的神奇蓄水塔。现在我们试着用吸管来做一个迷你版的 Warka Water 模型吧！

游戏引导

难度：★★★
所需时间：60分钟
游戏成员：1人以上
准备物品：可弯曲吸管、剪刀、胶带

游戏说明

○ 游戏目标

通过制作 Warka Water 模型来了解适用技术。

○ 游戏约定

使用剪刀时，请小心不要伤到手。

游戏学习重点

适用技术（Appropriate Technology）

试着做出可以从空气中生出水的 Warka Water。它是为了解决非洲的缺水问题而设计出来的创意和技术。像这种考虑到应用地区的文化、政治、环境等多方面因素的技术，就被称为"适用技术"。小朋友们可以一边利用吸管制作 Warka Water，一边思考适用技术的内涵和发展前景。

❶ 准备好制作 Warka Water 的工具和材料。

❷ 首先，必须先制作每一层的连接环。将吸管弯曲的部分剪下约 4cm 的长度，接着如上图所示进行摆放，再以胶带粘住固定，这样就做好了一个连接环。

❸ 剪 8 段 3cm 长的吸管，与 8 个连接环粘在一起，做成皇冠的形状。然后再用同样的方法制作一个 4cm 的皇冠、两个 5cm 的皇冠和一个 6cm 的皇冠，总共做 5 个皇冠。注意，每个部位都要用胶带粘牢。

❹ 用 10cm 长的吸管以对角线交叉的方式将 5 个皇冠连接起来。具体方法是，最下方放置 5cm 的皇冠，然后将 10cm 的吸管对角线交叉，接着接上 6cm 的皇冠，再用 10cm 的吸管对角线交叉……皇冠的排列从下往上依次为 5cm → 6cm → 5cm → 4cm → 3cm，皇冠之间都用 10cm 长的吸管交叉连接。

⑤ 将 3cm 的皇冠连接好后，再在皇冠上方插上 3cm 长的吸管。

⑥ 好了，我们的 Warka Water 迷你模型做好了！将做好的迷你模型与非洲 Warka Water 的实物照片比较一下。

 游戏小·提醒

连接吸管时，为了干净美观，可以使用橡皮泥或热熔胶枪黏合。这里为求简单方便，则以胶带黏接。

蓄水塔 Warka Water 的技术原理

　　你听说过 Warka Water 吗？极具艺术气质的 Warka Water 诞生于 2012 年，由意大利设计师奥图罗·维托里（Arturo Vittori）及其团队设计创造。这个看上去像巨型花篮的装置实际上是一座用竹子搭建而成的，用来收集空气中水分的蓄水塔。

　　Warka Water 收集水分的原理非常简单。当白天与夜晚的温度差异较大时，叶片上便会产生露珠。Warka Water 就是利用露珠形成的原理从空气中取水的。尤其是撒哈拉沙漠以南的地区昼夜温差极大，可以收集到很多水汽。

　　Warka Water 蓄水塔共有五层，最上层的作用是收集空气中的水汽，中间两层聚酯网将水汽凝结成水珠，第四层过滤杂质，最下一层则是储存干净可食用水的水槽。人们可以在下面打开水龙头取水。Warka Water 的结构简单，无须电力和其他设备，只需要非洲当地盛产的竹子、聚酯网、麻绳和尼龙绳就能自行搭建，既安全又方便。

参考答案

第32页

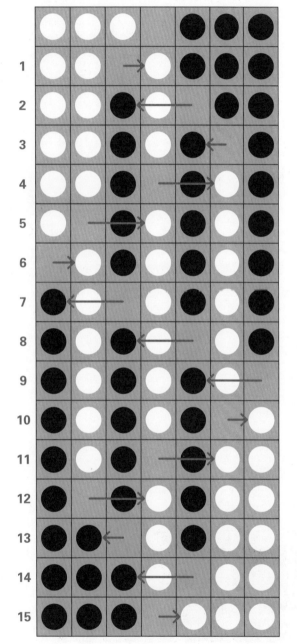

第80页

1. 按照左侧的数字规则摆放棋子，会出现图像"♡"。

白黑白黑白							
1, 2, 1, 2, 1	○	●	●	○	●	●	○
0, 7	●	●	●	●	●	●	●
0, 7	●	●	●	●	●	●	●
1, 5, 1	○	●	●	●	●	●	○
2, 3, 2	○	○	●	●	●	○	○
3, 1, 3	○	○	○	●	○	○	○

2. 图像"亚"的数字规则如下：

白黑白黑白							
0, 7	●	●	●	●	●	●	●
1, 1, 3, 1, 1	○	●	○	●	○	●	○
2, 1, 1, 1, 2	○	○	●	○	●	○	○
2, 1, 1, 1, 2	○	○	●	○	●	○	○
2, 1, 1, 1, 2	○	○	●	○	●	○	○
1, 1, 3, 1, 1	○	●	○	●	●	●	○
0, 7	●	●	●	●	●	●	●

第116页

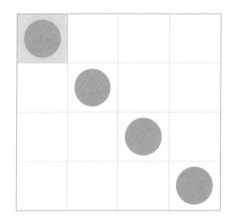

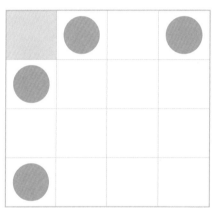

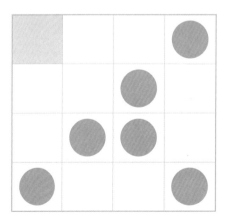

第134页

　　能够绘制出下列图形的指令不止一套，因此答案也不是唯一的。大家可以尝试各种不同的指令，只要能够正确地绘制出图形即可。认真思考一下：你认为哪套指令最佳？为什么？

需要绘制的图形	行动指令1	行动指令2	……
☆起点 （网格图）	→ ◎ → ◎ → ↓		
	◎ ← ← ← ◎		

需要绘制的图形	行动指令1	行动指令2	……
☆起点 （网格图）	◎ → → → ↓	◎ → ↓	
	← ← ◎ ← ↓	◎ → ↓	
	→ → ◎ → ↓	◎ → ↓	
	◎	◎	

需要绘制的图形	行动指令1	行动指令2	……
☆起点 （网格图）	◎ → → → ↓	◎ ↓	
	← ← ◎ ↓	◎ ↓	
	◎ → ◎ → ↓	◎ → ◎ ↓	
	← ← ◎	◎	

第140页

程序编码	行动指令			
图示 H	◎→→→◎ ↓	◎←←←◎ ↓	◎→◎→◎→◎ ↓	◎←←←◎ ↓	◎→→→◎
图示 E	◎→◎→◎→◎ ↓	←←←◎ ↓	◎→◎→◎→ ↓	←←←◎ ↓	◎→◎→◎→◎
图示 L	◎ ↓	◎ ↓	◎ ↓	◎ ↓	◎→◎→◎→◎
图示 P	◎→◎→◎→ ↓	◎←←←◎ ↓	◎→◎→◎→ ↓	←←←◎ ↓	◎
图示 S	→◎→◎→◎ ↓	←←←◎ ↓	→◎→◎→ ↓	◎←←← ↓	◎→◎→◎→
图示 O	→◎→◎→ ↓	◎←←←◎ ↓	◎→→→◎ ↓	◎←←←◎ ↓	→◎→◎
图示 F	◎→◎→◎→◎ ↓	←←←◎ ↓	◎→◎→◎→ ↓	←←←◎ ↓	◎
图示 T	◎→◎→◎→◎ ↓	←◎←← ↓	→→◎→ ↓	←◎←← ↓	→→◎
图示 W	→◎→◎→◎ ↓	←←←◎ ↓	→◎→◎→ ↓	←←←◎ ↓	→◎→◎→◎
图示 A	→◎→◎→ ↓	◎←←←◎ ↓	◎→◎→◎→◎ ↓	◎←←←◎ ↓	◎→◎→◎
图示 R	◎→◎→◎→ ↓	◎←←←◎ ↓	◎→◎→◎→◎ ↓	←◎←←◎ ↓	◎→→→
图示 E	◎→◎→◎→◎ ↓	←←←◎ ↓	◎→◎→◎→◎ ↓	←←←◎ ↓	◎→◎→◎→◎

程序设计教育平台

▶▶▶ code.org

你喜欢看动画电影《愤怒的小鸟》吗？喜欢《冰雪奇缘》中的艾莎公主吗？在 code.org 中，你可以和动画电影中的主角一起完成任务，比如帮助愤怒的小鸟抓住坏蛋小猪。此外，这个网站里面有各种难度的活动，无论你是小孩还是大人，都能找到适合自己的任务。每完成一个任务，你的程序设计能力就会有一些提升。（可在计算机上操作）

▶▶▶ lightbot.com

你听过点灯机器人吗？在 lightbot.com 登场的机器人，就是一个会点灯的机器人。机器人到达指定场所后点灯，大功告成！但是，前往指定场所的道路并不平坦，而且你必须帮助机器人用最少的步骤到达目的地。不过，只要完成一个任务，你就能学习到一些程序设计的基础原理。（可在手机或平板电脑上操作）